1章

(a) ゾウガメと筆者　　(b) 陸イグアナ

(c) 海イグアナ　　(d) ハイブリッド種

■ 図1：ガラパゴス諸島の動物たち（2頁）

2章

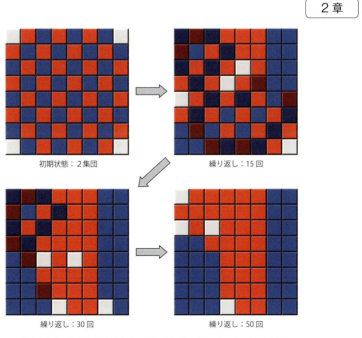

初期状態：2集団　　繰り返し：15回

繰り返し：30回　　繰り返し：50回

■ 図2.8：2集団、選好が50%のシミュレーション（47頁）

i

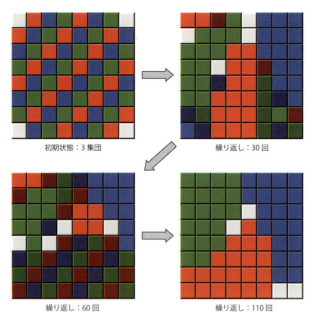

■ 図 2.9：3 集団、選好が 50% のシミュレーション（48 頁）

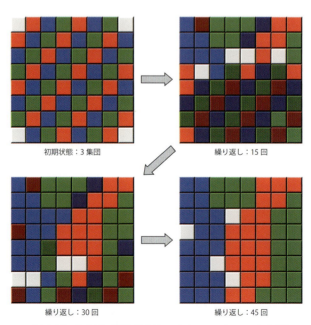

■ 図 2.10：3 集団、選好が 33% のシミュレーション（49 頁）

セルの色とその意味

色	意味
褐色	種族 1
深緑色	種族 2
紺色	種族 3
赤色	種族 1 の博愛主義者
緑色	種族 2 の博愛主義者
青色	種族 3 の博愛主義者
マゼンタ	種族 1 の教会
ライトブルー	種族 2 の教会
シアン	種族 3 の教会
白	教会に人が入った状態（全種族について）

不幸度の時間推移

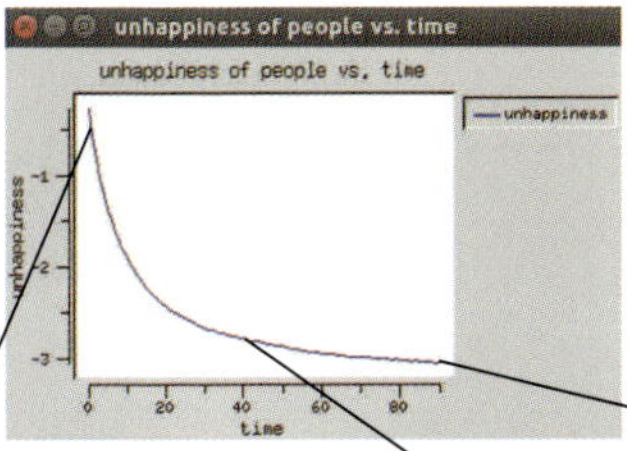

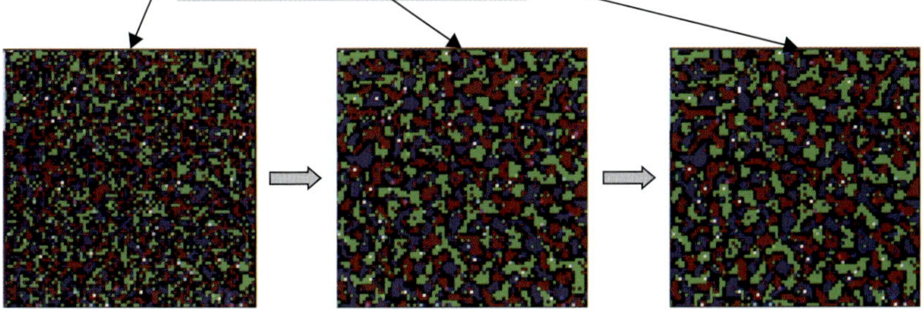

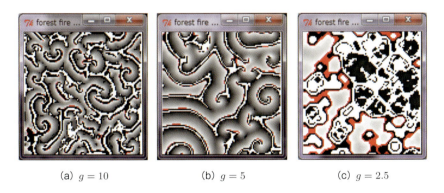

■図 2.11：人種分居のシミュレーション（50 頁）

（a）$g = 10$　（b）$g = 5$　（c）$g = 2.5$

■図 2.15：BZ 反応（57 頁）

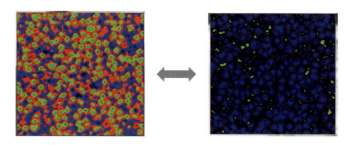

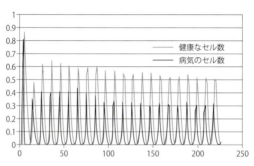

■ 図 2.16：BZ 反応（ムーア近傍、$g = 30$）（58 頁）

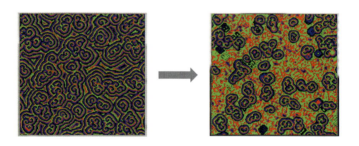

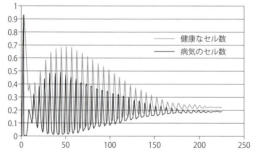

■ 図 2.17：BZ 反応（ムーア近傍、$g = 70$）（59 頁）

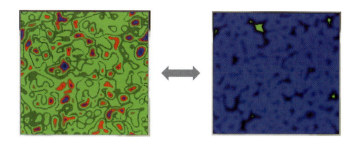

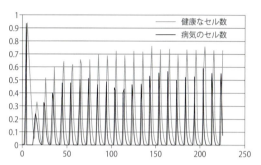

■ 図 2.18：BZ 反応（ナイト近傍、$g = 30$）（59 頁）

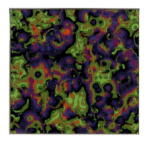

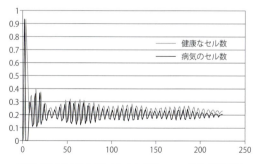

■ 図 2.19：BZ 反応（ナイト近傍、$g = 70$）（60 頁）

v

3章

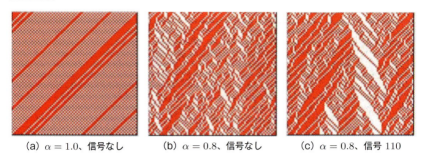

(a) $\alpha = 1.0$、信号なし　　(b) $\alpha = 0.8$、信号なし　　(c) $\alpha = 0.8$、信号 110

■ 図 3.9：BCA による渋滞シミュレーション（83 頁）

 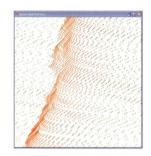

■ 図 3.11：交通渋滞のシミュレーション　　■ 図 3.12：交通渋滞のシミュレーション
　　　（SIS あり）（86 頁）　　　　　　　　　　（SIS なし）（86 頁）

4章

$$\begin{array}{c} \ C\ \ D \\ C\begin{pmatrix} 1 & 0 \\ b & 0 \end{pmatrix} \\ D \\ 3/2 < b < 5/3 \end{array}$$

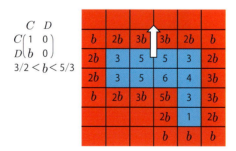

■ 図 4.4：歩く人（118 頁）

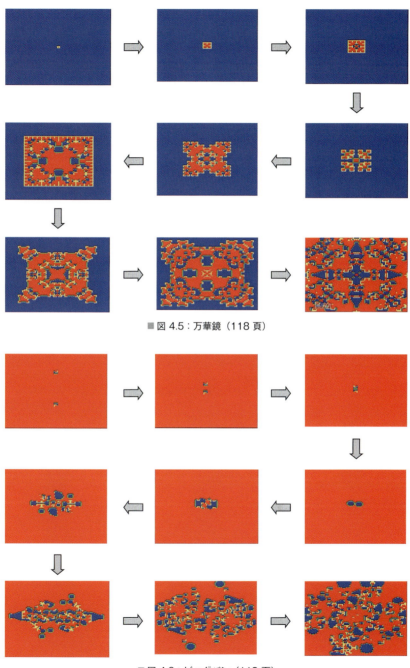

■ 図 4.5：万華鏡（118 頁）

■ 図 4.6：ビッグバン（119 頁）

5章

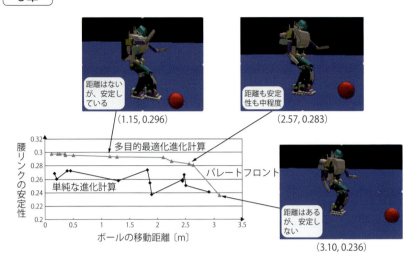

■ 図 5.27：ヒューマノイドロボットの動作設計（175 頁）

人工知能の創発

Artificial Intelligence の Emergent Properties

創発

《知能の進化とシミュレーション》

伊庭斉志 [著]
Iba Hitoshi

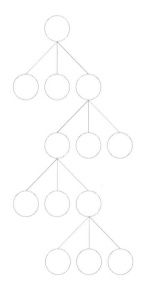

本書に掲載されている会社名・製品名は、一般に各社の登録商標または商標です。

本書を発行するにあたって、内容に誤りのないようできる限りの注意を払いましたが、本書の内容を適用した結果生じたこと、また、適用できなかった結果について、著者、出版社とも一切の責任を負いませんのでご了承ください。

本書は、「著作権法」によって、著作権等の権利が保護されている著作物です。本書の複製権・翻訳権・上映権・譲渡権・公衆送信権（送信可能化権を含む）は著作権者が保有しています。本書の全部または一部につき、無断で転載、複写複製、電子的装置への入力等をされると、著作権等の権利侵害となる場合があります。また、代行業者等の第三者によるスキャンやデジタル化は、たとえ個人や家庭内での利用であっても著作権法上認められておりませんので、ご注意ください。
本書の無断複写は、著作権法上の制限事項を除き、禁じられています。本書の複写複製を希望される場合は、そのつど事前に下記へ連絡して許諾を得てください。

(社)出版者著作権管理機構
(電話 03-3513-6969, FAX 03-3513-6979, e-mail: info@jcopy.or.jp)

JCOPY ＜(社)出版者著作権管理機構 委託出版物＞

まえがき

「人工知能（AI）とは、あと少しでできそうだった（Almost Implemented）という意味だ」
（ロドニー・ブルックスが言った冗談）

　本書は、AIのための創発についての解説書です。最近、人工知能（AI）は三度目のブームと言われています。その一因はニューラルネットワークを発展させたディープラーニング（深層学習）や統計的理論に基づく機械学習です。しかしそれだけでは真のAI（人間のような汎用知能、強いAI）を実現できるかには疑問の余地があります。人間の知能や認知にはこれらのAI技法では捉えきれない深みがあることが、数多くの研究から明らかになっています。

　これまで30年近く、筆者は進化や創発の計算を研究していました。このメカニズムには人間や生物の知能の原理が垣間見られます。そこで本書では、人工知能に関連するこれらの話題について理論的背景から最近の進展、および今後の課題に至るまでを詳しく説明します。

　いくつかのトピックに関して、読者の中にはこんなことがAI技術に関連するのかと思われる方がいるかもしれません。前著（『進化計算と深層学習 —創発する知能—』）にも書きましたが、本来のAIとは問題を見つけることであると言われています。つまり解けたときにはすでにAIでないとされていました。冒頭のブルックスの冗談もそれを象徴しています。なおブルックスは1980年代から活躍しているMIT（マサチューセッツ工科大学）の人工知能学者で、AIに関する数々の画期的なアイディアを提唱しています。またお掃除ロボット「ルンバ」の生みの親（アメリカのiRobot社の創業者）としても有名です。その意味ではすでに市販されているお掃除ロボットはAIでないと言えるでしょうか。

　現在のAIでは、技術的な応用や一見華やかな喧伝が先行しすぎているようです。もちろんこれを否定するものではありませんし、筆者もそのようなプロジェクトに参画しています。しかしそれだけで十分かは別問題です。知能に関連することなら何でもAIにつながり得るので、認知や生命の本質に迫る基礎的な研究をないがしろにしてはなりません。

　筆者の研究の目標は、人間の認知機能を創発の観点からモデル化し、真のAIを実現することです。つまり、知能がどのように現れたのかを理解し、現実世界

まえがき

との対応をとり、実際の物理的・化学的メカニズムでの因果関係の説明を行うことです。そのためには、知的振る舞いそのものだけではなく、その因子の解明、またそれがどのような影響を及ぼしているのかを理解することを目指します。そのため本書では、さまざまな人間の認知的錯誤、認知的不協和、非合理行動、協調・裏切り行動の創発について説明しています。残念ながら、現在の AI における中心技術である機械学習の統計モデルやビッグデータに基づく深層学習では、これらの現象を説明するのは困難です。むしろそれらのアプローチとは逆行する仮定が必要となるかもしれません。本書では、人間の知的行動が引き起こされている直接の要因である脳の機構（生物の用語では至近要因と呼ばれる、生理的要因とも）と行動生態が進化した理由（究極要因、生体的あるいは進化的要因）についての研究成果、およびそれを理解するための創発シミュレーション・モデルをいくつか説明します。こうしたアプローチは、真の AI の実現に向けて知能の本質を解明する研究として重要です。

本書の執筆中に、筆者の学生時代の研究のいくつかが懐かしく思い出されました。たとえば学部時代，研究室（榎本彦衛教授）でのテーマの一つは、4 色問題の証明の正当性を確かめるというものでした（第 6 章のシンギュラリティの項 (204 頁) 参照）。また同じ頃に山田尚勇教授が QWERTY やその他の標準キーボードに対抗して新手法（無連想式漢字直接入力方式 T-code）を開発されていました（第 5 章の DSK 配列 (151 頁) 参照）。AI は温故知新であるということを痛感しています。

本書のほとんどの自然の写真（魚の生態・形態、動物の紋様、ガラパゴス諸島、パプアニューギニアなど）は筆者が自ら撮ってきたものです。残念ながら私たちが個人で自然の進化を目の当たりにすることは難しいのですが、創発の持つ原動力や多様性の意義を実感することは可能です。そのためにはぜひ PC やスマートフォンを手放して、実物を自分の眼で見てください。30 年近く水中での生物観察を趣味としてきた筆者ですが、やはり本物に勝るものはないと毎回新たな感動を実感しています。前著でも述べましたが、ネットでほとんどの画像が手に入る最近でも、やはり現実の自然から学ぶことは多く、一見の価値はあります。

本書のもとになったのは、筆者の大学での「人工知能」「システム工学基礎」「シミュレーション学」などの講義ノートです。講義の運営に協力してくれた、東京大学大学院・情報理工学系研究科・電子情報学専攻・伊庭研究室のスタッフの方々および学生の皆さんに厚くお礼を申し上げます。さらに本書で説明するト

ピックに関連したプログラム作成に協力してくれた学生の皆さん、何よりも面白いレポート作成に尽力してくれた受講生の皆さんに深く感謝いたします。ここではお名前をすべて挙げることはできませんが、彼らのレポート内容が本書執筆にあたり、多くの情報を提供しています。また、筆者がかつて所属していた学生時代の研究室（東京大学大学院・工学系研究科・情報工学専攻・井上研究室）や電子技術総合研究所の方々とのAIをめぐる哲学的で楽しい議論が本書の中核となっているのは間違いありません。この機会に先生方と先輩・後輩および同僚の皆様に深く感謝いたします。

最後に、いつも研究生活を陰ながら支えてくれた妻由美子、子供たち（滉基、滉乃、滉豊）に心から感謝します。

2017年3月　V・D・ランドにて

伊庭　斉志

目次

まえがき xi

第 1 章　学習と進化のための創発計算　　1
- 1.1　進化を見てみよう 2
- 1.2　強化学習でロボットを訓練する 13
- 1.3　学習と進化の不思議な関係 24

第 2 章　創発する複雑系　　35
- 2.1　創発とは 36
- 2.2　セルラ・オートマトンとカオスの縁 38
- 2.3　シェリングと社会科学：正義とはなんだろうか？ 45
- 2.4　チューリングのモデルと形態形成：魚のパターンはなぜ変わる？ .. 51
- 2.5　マレイの理論：なぜ斑点模様のヘビが存在しないのか？ 61

第 3 章　待ち渋滞と認知の錯誤　　65
- 3.1　待ちの発生 66
- 3.2　ポアソン分布と偏りの認知錯誤 70
- 3.3　待ちの制御：行列のできるラーメン屋のスケジューリング 76
- 3.4　渋滞のモデルとセルオートマトン 82
- 3.5　シリコン交通と渋滞制御 84
- 3.6　ディズニーランドと高速道路における待ち制御の功罪 88
- 3.7　統計はときには嘘をつく 90

第 4 章　協調と裏切りの創発　　101
- 4.1　裏切りと協調のゲーム 102
- 4.2　繰り返しは協調を創発する 107
- 4.3　創発する万華鏡とビッグバン 115

4.4	量子ゲームでジレンマは解消できるか？	120
4.5	最後通牒のゲーム：人間は利己的か、協調的か？	122
4.6	進化心理学と心の理論	126

第5章　効用と多目的最適化　131

5.1	ベルヌーイとサンクト・ペテルブルクのパラドクス	132
5.2	限界効用逓減の法則：快楽や幸福をもたらす行為は善か？	136
5.3	賭けにどう対処するか？	142
5.4	なぜ人間は賭けを好み、保険に入るのか？	152
5.5	推移律の謎：多数決は民主的か？	154
5.6	多目的に見られる創発：パレート最適化への道	162
5.7	無差別曲線への批判	176

第6章　プロスペクト理論と文化の進化　179

6.1	ベルヌーイの間違い	180
6.2	授かり効果：なぜ返金保証は採算が合うのか？	186
6.3	損失回避とフレーミング効果	189
6.4	人間の認知を説明する効用の価値関数	191
6.5	新しい効用の定義	193
6.6	サルでもわかる経済学	194
6.7	サルに文化はあるのか？	196
6.8	ミラーニューロンの発見	199
6.9	文化も進化する	201
6.10	脳はどう創られるか：機械に囲まれたダーウィン	204

参考文献 207
索　　引 218

第1章

学習と進化のための創発計算

> ガラパゴス諸島を訪れたダーウィンは、(中略) 後になってその航海を振り返り、その驚きこそが、自分の観察の中心であり「あの素晴らしい事実—謎のなかの謎—この地上の新しい生物の誕生」への鍵となったのだと考えた。
> (オリバー・サックス [37])

1.1 進化を見てみよう

ガラパゴス諸島と言えば、チャールズ・ダーウィンがイギリス海軍の測量船・ビーグル号で航海の途中に立ち寄り、その際にフィンチという鳥のくちばしの形が種によって少しずつ違っていたり、ゾウガメの甲羅が島によって異なっているのを見たりして、進化論を考えついた場所として有名です（**図 1.1**（a））。しかしながら、この話は少し誇張されています。ダーウィンは現地でこの鳥について深く研究したわけではありません。彼の「種の起源」を読めばガラパゴスのデータはそれほどまでには生かされておらず、むしろ人為淘汰を中心とした議論に終始しているのがわかります。

(a) ゾウガメと筆者　　　　　　　　(b) 陸イグアナ

(c) 海イグアナ　　　　　　　　　(d) ハイブリッド種

■ 図 1.1：ガラパゴス諸島の動物たち（口絵参照）

しかし現在でもこの島は進化論研究の中心の一つとして大きな注目を集めています。たとえば、プリンストン大学のピーター・グラントらは20年以上の長期にわたって徹底的にフィンチの研究を行い、気候変化による餌の出来高によって

かかる淘汰圧[*1]がフィンチのクチバシを劇的に変化させることを明らかにしました。しかもこの進化は通常考えられている数万年というタイムスケールではなく、非常に速い速度（数年のオーダー）で起こることがわかったのです [87]。

また、ガラパゴス諸島には陸イグアナと海イグアナの 2 種類のイグアナが存在することが知られています。もともと黄色い陸イグアナは陸上の動物で、ウチワサボテンの芽などを食べていました（図 1.1 (b)）。しかし、ウチワサボテンとの共進化[*2]で食料が不足してきました。そのうちにウチワサボテンと陸イグアナやゾウガメの軍拡競争が起こりました。サボテンは芽の部分を食べられないよう背が高くなっていき、茎に棘を生やすようにもなりました。陸イグアナはサボテンの幹を登ることができません。こうしてウチワサボテンとの共進化で食料が不足してきました。その結果、海の中を泳ぎ岩に付いた海藻を食べるような海イグアナが進化したとされています。海イグアナは陸イグアナとは生態が全く異なります。日の光をためやすいために体色が黒くなり、息を止めて水中に潜り、陸に戻っては鼻から塩水を吐き出して日向ぼっこをします（図 1.1 (c)）。興味深いことに、最近ではオスの海イグアナとメスの陸イグアナの子供であるハイブリッド・イグアナが誕生して話題となっています。これはピンク色のイグアナで、両方の特徴を備えています（図 1.1 (d)）。また、爪がありサボテンの幹にも登れます。ただし現時点では繁殖ができないようです。

進化の考え方は遺伝子を持つ生物にのみ当てはまるわけではありません。以下の言葉に見られるように、多くのものに通用する考えです。

- アイディアの新しい組み合わせや、面白い組み合わせをつくり、最終的にそれらを意識のところまで上昇させるのである。これは、生物学的な集団とそんなに変わらない（グレゴリー・チャイティン [46]）。
- 新しい技術は既存の技術を組み合わせることから生じ、既存の技術はさらなる技術を生み出す。技術は自らの中から自らをつくり出す。アイディア同士が番う（ブライン・アーサー [85]）。
- 道徳、経済、文化、言語、テクノロジー、都市、企業、教育、歴史法律、政府、宗教、金銭、社会変化にも進化論は当てはまる。進化の理論によれば、

[*1] 生物学の用語。生物の集団の生存や増殖等に対してかかる選択の強さのこと。
[*2] 相互に影響を与えながら 2 種以上の生物が進化すること。共進化の結果、(1) 競合、(2) 寄生（片利共生）、(3) 共生（協調）がこの順で進化したとされる。

> 物事は同じ状態であり続けることはなく、徐々に、それでいて否応ない形で変化する。それは、下や内から起こる自然発生的で、有機的で、発展を促す変化である（マット・リドレー、「進化は万能である」[85]）。

- あらゆるイノベーションは過去からの飛躍である。ガス灯が電球に変わり、荷馬車が自動車に変わり、帆船が汽船に変わったように。しかし同時に、あらゆるイノベーションは過去の一部から構築されている。エンジンはガス会社に倣って電力の供給システムをつくり上げた。初期の自動車は荷馬車メーカーによって製造された。最初の汽船は既存の帆船に蒸気機関を加えたものだった（アンドリュー・ハーガトン、「ブレイクスルーはどのように起きるか」[80]）。
- 経済システムにおけるイノベーション（実際には芸術、科学、実生活におけるあらゆる新発見）は、そのほとんどが以前から存在していた考え方や物理的な素材を再構築したものだ。現代の科学、技術、経済の領域における進歩の大部分は、次の事実から成り立っている。新しい発見は、ある特定の問題に対する答えを提供するだけではなく、将来、われわれが別の問題の解決に取り組むうえで「新しい組み合わせ」をもたらすであろう膨大な部品の在庫に、新たな部品を加える、ことになる（リチャード・ネルソン、ドニー・ウィンタース、「経済変動の進化理論」[80]）。
- 蒸気機関はジェームズ・ワットの独創的な発明と見られがちだが、実は半世紀ほど前にトマス・ニューコメンが鉱山の排水用に発明した蒸気機関を改良したものだった。ニューコメンの前にも先行するモデルがあり、ワットの蒸気機関はそうした改良が繰り返された結果である（歴史学者・ジョージ・バサラ[79]）。
- 技術は進化のように、「隣接可能領域」へと進む。遠い未来へと跳躍することはない（スチュアート・カウフマン[85]）。

マット・リドレーは、上で述べたようなより広い範囲に当てはまる進化の考え方を「一般進化理論」と呼んでいます[85]。それに対して、ダーウィンが提唱した自然淘汰に基づく生物の進化理論を「特殊進化理論」として区別します。以下の章で見るように、一般進化理論によって社会や通貨、テクノロジー、言語、文化、政治、道徳における多くの現象が説明されます。それらは、たとえば経路依存性（150頁参照）、断続平衡説（127、203頁参照）、収斂進化（203頁参照）、共

進化、変化を伴う由来（系統樹）などです[*3]。

進化をもとにした AI 手法が進化計算です。進化計算は、生物の進化のメカニズムをまねてデータ構造を変形、合成、選択する工学的手法です。この方法により、最適化問題の解法や有益な構造の生成を目指します。進化計算の基本メカニズムは進化論に基づいています。

ダーウィンの自然選択に基づく進化論の肝を復習しましょう。これは、以下の三つにまとめられます。

- 変異とは、事実上すべての動物や植物のグループが持つ特徴である
- 生物のグループは、すべて子孫を過剰に生み出している
- 最も適応的な特徴がどの程度でも遺伝すれば、この有利な形質は次の世代に伝えられる

2 番目の「過剰に生み出す」というのは、マルサスの人口論に由来します。他の制約がなければ生物の個体数は指数関数的に増えるのに対して、食料は幾何級数的にしか増えないので絶対的に不足します。その結果、最も環境に適応するものが生き残ることになります。これらは、

- 適者生存（Survival of the fittest）
- 生殖（Reproduction）
- 変容（Variation）

として進化計算では実現されます。進化計算の代表例は、

- 遺伝的アルゴリズム（GA：Genetic Algorithms）
- 遺伝的プログラミング（GP：Genetic Programming）

です。進化計算はさまざまな実世界領域で役立っています。以下では簡単にこのメカニズムを紹介します。その詳細は文献 **[11, 12]** を参照してください。

[*3] ただし当然ながら進化論が当てはまらない構造物や組織もある。たとえば、政府、国家など、上（外）から変化をデザインするものがその例である。これらは神や王などの上からの視点で構成される。

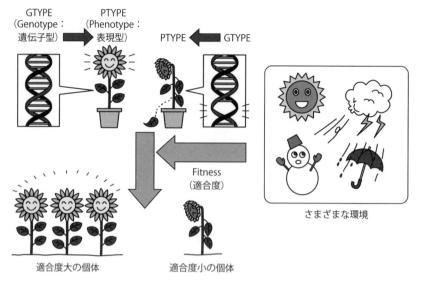

■ 図 1.2：GTYPE と PTYPE

　進化計算におけるデータ構造は遺伝子型（GTYPE）と表現型（PTYPE）という 2 種類の状態を持っています（**図 1.2**）。GTYPE は生物の染色体に相当するものであり、GA では解候補を表現した文字列（固定長の bit 列など）です。これらは交叉や突然変異などの遺伝的オペレータの操作対象になります。

　GP は固定長の文字列しか扱えなかった GA の問題点を改善し、木構造を対象とすることでさまざまな問題に適用することが可能な進化的計算手法です。LISP をはじめとする多くのプログラミング言語は木構造で表現できます。そのため GP によりプログラムを生成して AI のための問題解決や高度なプログラムへの応用が可能になります。GP の遺伝子型（GTYPE）において重要な要素は、

- 非終端記号
- 終端記号

です。非終端記号とは木構造をつくるときに中間ノード（末端以外のノード）になるもの（関数記号）、終端記号とは末端以外のノードになるもの（関数の引数となる定数や変数）です。GP の初期化の際には、これらの終端記号と非終端記号からランダムにノードを選んで GTYPE（木構造のプログラム）を生成します。

表現型（PTYPE）は生物の個体表現に相当します。これは GTYPE を解釈して得られた問題の解候補やプログラムを実行した結果の行動です。候補解の良さを示す適合度がこの PTYPE から計算されます。

　進化計算では、適合度の良いものほど多産で生き残りやすいように次世代候補の親が選ばれます。これを世代交代と呼びます。また、エリート戦略（良い個体を次世代に必ず残す手法）もしばしば使われます。この戦略を用いると、（評価する環境が不変であれば）世代を重ねても最良個体の適合度が減少することはありません。ただし探索の初期段階でエリート戦略を重用しすぎると、局所解に陥る危険性があります。これは早熟な収束と呼ばれます。

　親候補から次世代の子孫が生殖で得られるときには、単に GTYPE をコピーするのではなく、交叉（有性生殖）や突然変異（無性生殖）により遺伝子が変容します。これらの適用はランダムに行われます。交叉や突然変異の実装は、実際には GTYPE に依存しています。突然変異は自然界における遺伝子複製段階のエラーに相当します。たとえば、GA ではある文字を変化させる（bit 列であれば 0 と 1 を反転させる）操作となります。GA の交叉と突然変異の例を**図 1.3** と**図 1.4** に示します。

　図 1.5 と**図 1.6** は GP の交叉と突然変異の例を示しています。GP では部分木の

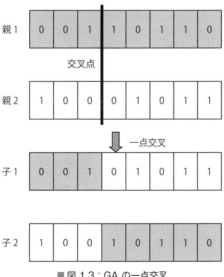

■ 図 1.3：GA の一点交叉

第 1 章　学習と進化のための創発計算

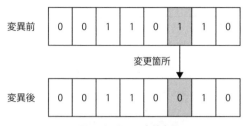

■ 図 1.4：GA の突然変異

交換やノードのラベル（関数や変数の意味）を変異させることで、プログラムの部分的な違いを反映させていることに注目してください[*4]。これにより、突然変異がプログラムの動作をわずかに変化させること、交叉が各親の部分プログラムの動作を交換させていることがわかります。遺伝的オペレータの作用によって、親のプログラムの性質を継承しつつ、子供のプログラムが生成されています。

最適化の観点から言えば、交叉は大域的な探索、突然変異は局所的探索に相当

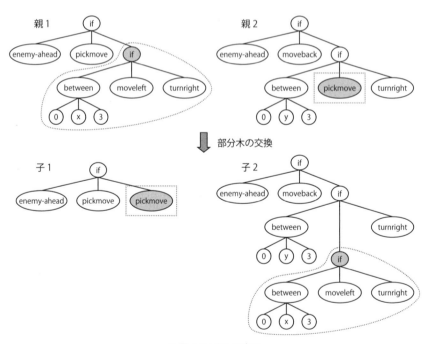

■ 図 1.5：GP の交叉

[*4] このプログラムの具体的な意味は 27 頁で説明する。

8

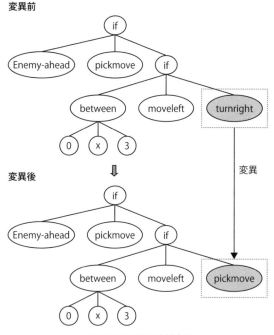

■ 図 1.6：GP の突然変異

します。つまり、突然変異は遺伝子型の一部を破壊することにより集団の多様性と探索の幅を広げることが期待されます。また突然変異には、交叉による有益な部分構造（スキーマ、150 頁参照）の破壊から回復する効果があることも知られています。**図 1.7** には交叉と突然変異を伴う世代交代の様子をガを用いて示しています[*5]。

以上をまとめると、進化計算の流れは以下のようになります。

1. 初期集団の遺伝子型（GTYPE）をランダムに生成する
2. すべての個体について GTYPE を PTYPE に変換し、適合度を計算する
3. 選択手法に基づいて親を選択する
4. 遺伝的オペレータを用いて次世代の個体（子孫）を生成する
5. 終了条件をチェックし、終了しないなら 2 へ戻る

[*5] この図は模式的に示したものであり、実際の生物の遺伝とは対応しない。

第 1 章 学習と進化のための創発計算

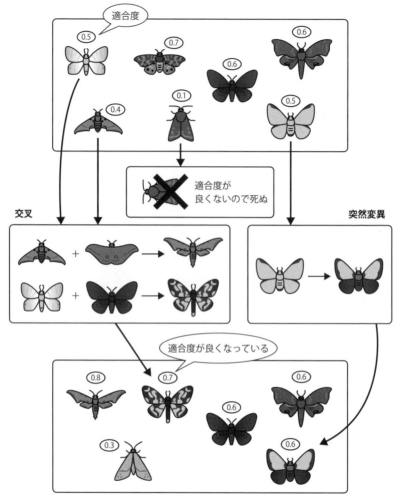

■ 図 1.7：世代交代のイメージ

終了条件は望みの適合度を持つ個体が見つかったときか、あらかじめ設定された世代まで計算し終わったときなどをチェックするものです。

実際の生物を用いた進化計算の興味深い研究を紹介しましょう **[48, 95, 96]**。Bond らは、アオカケス[*6]を用いて、その餌であるガの模様の進化を実験しまし

[*6] スズメ目カラス科の鳥類。鮮やかな青い羽毛の尾羽を持つ。昆虫や植物の種子や果実などを主な餌とする。

た。そのために、実際のアオカケスにコンピュータ画面上に映したガのデジタル画像を攻撃させたのです（図 1.8）。各実験日において、アオカケスにより発見（攻撃）されたガは取り除かれました。そして次の日の朝に生き残ったガの集団は相対的な割合を維持されたままもとの数まで戻されました（生き残り率に比例した世代交代：図 1.9）。

■ 図 1.8：アオカケスによるガの模様の選択 [96]

　30 日間、つまり 30 世代の実験を繰り返すと、隠蔽的なタイプのガが全体の 75% を占めて安定しました。次に、世代交代の際に突然変異や交叉を導入して、明るさや模様の遺伝子を進化させました（図 1.7 参照）。その結果、アオカケスは突然変異による変則的な隠蔽タイプのガを発見することにしばしば失敗しました。そのため、このような変異型は頻度が増加します。世代を経るに従って、ガは発見されにくくなり、さらに表現型（模様）が大きなばらつきを示すようになります（図 1.10 参照、左はガのパターン、右は実際にアオカケスに提示した状態）。これは自然界で起こる共進化（軍拡競争）に類似しています。実際に、餌となる動物は捕食者から見つかりにくいように隠蔽や擬態のパターンを改善し、多型を増やしていくことが観察されています。

第 1 章 学習と進化のための創発計算

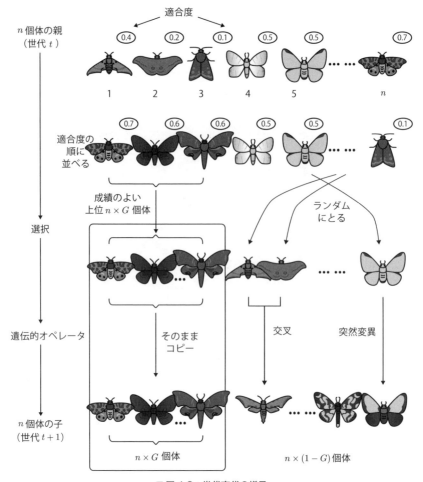

■ 図 1.9：世代交代の様子

　擬態の進化には生物学的に多くの謎が残されています。これらの謎に迫る研究が進化計算などを用いたシミュレーションで盛んに研究されています。

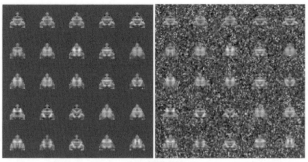

(a) 初期世代

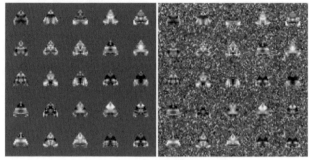

(b) 第 100 世代

■ 図 1.10：ガの模様の進化 **[96]**

1.2 強化学習でロボットを訓練する

　1903 年にイワン・パブロフ[*7]は、マドリードの会議で犬の条件反射の実験を発表しました。実はこの発見は偶然によるものでした **[84]**。食物に対する犬の唾液分泌の反射を調べるために、唾液腺の一つを漏斗につなげて唾液の分泌量を測れるようにしました。するとその犬は、エサが用意される音を聞いたり、装置につながれたりしたらすぐに、餌がもらえるのを期待して唾液を分泌するようになりました（**図 1.11**）。

　これをもとにして、報酬や罰に応じて自発的にある行動を行うよう学習す

[*7] Ivan Petrovich Pavlov（1849–1936）：ロシア・ソビエト連邦の生理学者。1904 年ロシア人として初のノーベル生理学・医学賞を受賞。

第 1 章　学習と進化のための創発計算

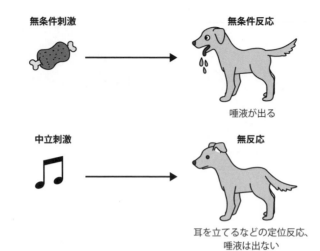

（a）条件付け前

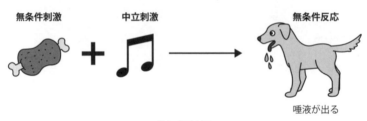

（b）条件付け

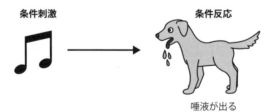

（c）条件付け後

■ 図 1.11：パブロフの犬

ことがオペラント条件付けです。動物に芸を教え込むことや、バラス・スキナーのスキナー箱*8がその例です。スキナーの一派は予測のつかないランダムなスケジュールで報酬を与えることが極めて有効なことを見出しています [84]。

スキナーの興味深い実験として、次のようなものがあります。スキナー箱にハトを入れて一定間隔で餌を与えました。すると、餌が出てくる直前にしていたことは何であれ、餌が現れた原因だと思い込んだようなハトがいることに気が付きました。ハトはその思い込みのせいで、その動作を習慣的に繰り返します。たとえば、反時計回りに歩き回ったり、隅に頭を突き出したり、首を振るなどをしました。これは、人間の行動に類似した「迷信」を実現しているように思われます [84]。

現実の脳がこのような学習を実現しているメカニズムは徐々に明らかになっています。特に、大脳基底核には、期待以上にうまくいって報酬をもらえるときにドーパミンを放出する神経細胞があります。逆にうまくいかないと放出は少なくなります。ドーパミンが報酬に対してではなく、予想を上回るときに得られることは重要です。予想どおりに報酬がもらえてもドーパミンは出なくなります。そのためこれを手掛かりに学習が進むにつれて状態の評価が改善されます。つまり、ドーパミンが出る直前に行っていた行動を次々に強化し、ドーパミンの出るタイミングは次第に前に移っていくのです。ドーパミン、セロトニン、ノルアドレナリンなどの化学物質が学習と関連しているという研究もなされています [2]。

このような背景に基づいて、環境から与えられる情報をもとにして状況に応じた適切な行動を学習する AI 手法が強化学習です。タスクに対する正解行動を与えなくても、環境との学習プロセスを通じて正しい行動法を獲得します*9。

強化学習では学習を行う主体をエージェントと呼びます。このエージェントが環境との相互作用を通じて学習を行います。エージェントは環境の状態を認識し、その状態に基づき行動を起こします（**図 1.12**）。行動を起こした結果として新たな環境の状態を認識し、タスクの達成などに応じて報酬を得ます。エージェントは現状態から最適と考えられる行動を選択するルールを学習によって獲得し

---

*8 ラットやハトなどのオペラント行動の研究に用いる実験装置。ラットでのレバー押し、ハトでのキー突つきといった反応に随伴して、給仕装置が作動し餌が出る。すると最初は偶然に押したり突いていたのが、繰り返すうちにその行動を続けるようになる。こうして行動の条件付けを行うことができる。

*9 ただし強化学習に関しては人間の学習や教育についての黒歴史や批判的研究も多い。たとえば『愛を科学で測った男―異端の心理学者ハリー・ハーロウとサル実験の真実』[67] は必読である。

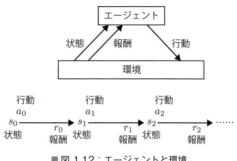

■ 図 1.12：エージェントと環境

ます。

強化学習の例として、Q学習について説明しましょう**[14]**。これは、状態 s と行動 a の組に対する行動価値 $Q(s,a)$（これをQ値と呼ぶ）を見積もる手法です。時刻 t における状態 s_t で行動 a_t をとった結果、新たな状態 s_{t+1} に移り報酬 r_{t+1} を受け取ったとすると、Q値の更新式は、

$$Q(s_t, a_t) \Longleftarrow Q(s_t, a_t) + \alpha \left[r_{t+1} + \gamma \max_{a_{t+1}} Q(s_{t+1}, a_{t+1}) - Q(s_t, a_t) \right] \quad (1.1)$$

となります。ここで α は学習の速さを決める学習率（$0 < \alpha \leq 1$）であり、大きいほど更新時の影響が強くなります。また γ は割引率（$0 \leq \gamma \leq 1$）です。γ が大きいほど、次の状態での行動が効くことになります。この式は良い報酬につながる行動を選ぶようにするため、環境 s_t における行動 a_t の評価値 $Q(s_t, a_t)$ よりも a_t による次の環境状態での最良行動の評価値 $\max_a Q(s_{t+1}, a)$ の方が大きければ $Q(s_t, a_t)$ を大きくします。逆に小さければ $Q(s_t, a_t)$ も小さくします。つまり、ある状態の行動価値をそれによる次の状態における最良の行動価値に近づけるのです（なお価値関数の一般理論と人間の認知については第5章、第6章で詳しく説明します）。

強化学習では、与えられた問題の初期状態からタスクの完了または失敗による終了状態までの一連の試行をエピソードと呼びます。Q学習ではこのエピソードを繰り返し行い、エピソード中で式(1.1)の更新を適用して学習が進みます。疑似コードを用いるとQ学習のアルゴリズムは次のように表されます。

```
Q(s, a) を任意に初期化;
repeat (全エピソードについて){
  s を初期化;
  while s(が終端状態ではない){
    Q から導かれる方策に従い s での行動 a を選択する;
    行動 a を取り、報酬と次状態 r, s' を観測する;
    すべての a' に対して
      Q(s', a') の表（Q テーブル）を検索し、最大値 $\max_{a'} Q(s', a')$ を探す;
    $Q(s, a) \Longleftarrow Q(s, a) + \alpha[r + \gamma \max_{a'} Q(s', a') - Q(s, a)]$;
    $s \Longleftarrow s'$;
  }
}
```

学習の途中では、各状態で Q 値を最大にする行動が最適と考えられるので、エージェントはその行動を選択するのがよいでしょう。しかしこのような方法（欲張り法）では、学習が偏り局所解に陥る可能性があります。そこでボルツマン分布に従い確率的に選択する方法や、ある確率でランダムに行動を選択する方法（144 頁参照）が提案されています。式 (1.1) に従うと、最終的に $\max_a Q(s_t, a)$ は最適な行動に収束することが証明されています。

ロボットを使った強化学習による行動獲得を見てみましょう。**図 1.13** は LEGO mindstorm を用いた AI ロボットです[*10]。以下では、イモ虫のように這って歩くロボット（a worm-like robot）の学習をしてみましょう[*11]。

図 1.13 (a) にはロボットの全体像と、ベース（基部）とピボット（旋回軸）を示しています。この二つを動かしながら、床の摩擦を利用してロボット全体が移動します。動きを検出するセンサーは軸の回転数をカウントします（図 1.13 (b)）。状態空間は、ベースとピボットの位置をそれぞれ上向き、水平、下向きの三つに分割した $3 \times 3 = 9$ 状態となります。報酬・罰則はこのカウントが 0 なら -1 と

[*10] 高等学校および大学初級レベルの人工知能教育プロジェクトの一環である [76]。そこでは実機ロボットを用いたプログラミング教材を提供して、AI の意味と有効性を学ぶ。講義概要、デモ動画やサンプルソースなどは筆者の研究室ウェブサイトから閲覧可能である。

[*11] 本実験は Tyler Timm によるもの（https://www.youtube.com/watch?v=bVbT9zkPIvs）を改良した。

(a) ロボットの概要（ベースとピボット）　　　（b）動きの探知センサー

(c) 動きを探知する様子

■ 図 1.13：Worm-like robot（イモ虫ロボット）

し、1 なら +5 とします。行動には以下の 6 通りを考えます。

- ベースを上方にする
- ベースを水平にする
- ベースを下方にする
- ピボットを上方にする
- ピボットを水平にする
- ピボットを下方にする

図 1.14 はエピソードごとの報酬値を示しています。エピソードを経るに従って次第に報酬が上がっていきます。ただし試行錯誤しているので必ずしも単調に成績が上がるわけではありません。最初はピボットをランダムに上下するだけでうまく動けなかったロボットが、やがてピボットを床に接触させ摩擦力を利用し

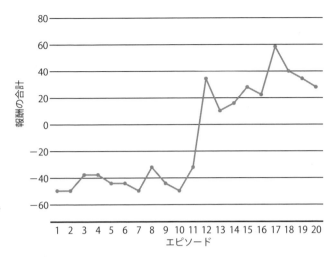

■ 図 1.14：エピソードごとの報酬の合計

てうまく前進するようになります（**図1.15** 参照[*12]）。

次に、犬型ロボット[*13]を用いた強化学習の例を示しましょう。ここでは荷物に見立てた箱をゴール領域まで押して運ぶことを学ばせます。このタスクの難しい点は、ロボットが前進する場合でも箱と足の位置関係によっては箱が前に進んだり左右に逸れたりして、異なる振る舞いとなることです。そのため、箱の振る舞いを正確に表現するシミュレータの作成は困難です。ロボットの行動としては、前進、後退、左回転、右回転、後退＋左回転、後退＋右回転の6種類を使います。実ロボットでは、「前進」はロボットがまっすぐに進むだけではなく左右へのぶれが生じます。また、小回りが利かないので、「左回転」では単に左に回転するだけではなく、わずかに前進してしまいます。このような行動の特性を学習することが重要になります。状態空間はCCDカメラから得られる画像上での箱、ゴール領域の位置をもとに構成します。ただしCCDの視野が狭いので、一動作ごとに首振りを行って状態認識をします。**図1.16** にあるように、箱やゴールがどこにあるかによって状態を分割します。箱の場合は14状態、ゴール領域の場合は12状態に分割されるため、合計 $14 \times 12 = 168$ 状態となります。報酬

[*12] 動作の動画は筆者の前述した講義のウェブサイトで閲覧できる（http://www.iba.t.u-tokyo.ac.jp/iba/enshu/AIrobot.html）。
[*13] SONYから発売されていたAIBOを用いた。昔懐かしいエンターテイメントロボットERS-220であり、CCDカメラによる画像入力を備えている。

第 1 章 学習と進化のための創発計算

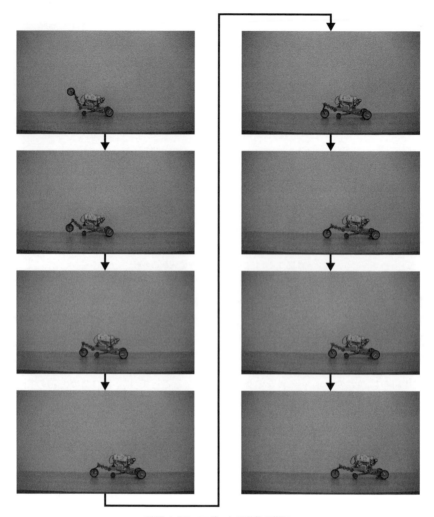

■図 1.15：ロボットの動作の様子

をタスク達成時に 1.0 とし、それ以外では 0.0 とします。そのほかのパラメータとしては、学習率 $\alpha = 0.3$、割引率 $\gamma = 0.9$ としました。

実験の結果を**図 1.17** に示します。最初のうちは、箱が正面手前に来ない場合に、ロボットが移動しても箱が足のやや外側になってしまうと箱の移動を失敗することがありました（図 1.17 (a)）。ロボットは箱に近づこうと右回転を繰り返しますが、箱の周りを回ってしまいなかなか近づくことができません。この図で

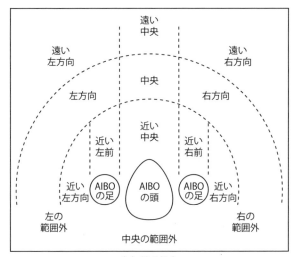

(a) 箱の場合

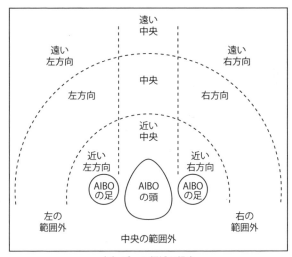

(b) ゴール領域の場合

■ 図1.16：状態の分割（上方向がロボットの前方）

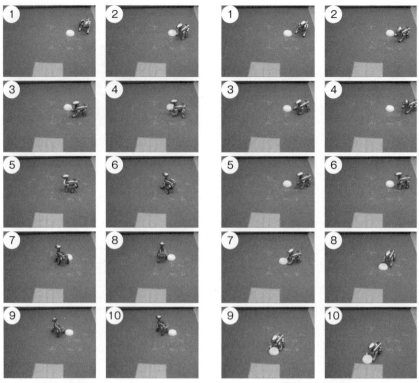

(a) Q学習の初期。
箱を見失ってタスクに失敗した行動例

(b) 10時間のQ学習を行ったもの。
タスクに成功した行動例

■ 図1.17：行動系列の例

は、箱に近づくことができず、右回転を繰り返すあまり、箱を見失ってしまう様子を示しています。

10時間学習をしたのち（約4,000行動後）、図1.17（b）のように最適な行動が見られました[*14]。学習開始直後には箱に近づくことができなかった配置からでも、学習の結果ロボットは後退や後退＋回転の行動をとるようになりました。そのため10時間後にはロボットは箱に近づくことができるようになり、ゴール領域まで箱を押してタスクを達成しました。前述のように、実環境での不安定な行動をあらかじめシミュレータで記述しておくことは極めて困難です。この例から

[*14] 10時間の学習は長いとも思われるが、犬の調教を考えるとそれほどでもないかもしれない。実験を担当した学生には苦痛であったろうが。

も強化学習を用いた実環境での適応の有効性がわかります。

なお、同じタスクをヒューマノイドロボット[*15]を用いて実現してみました。ゴール位置はゴールマーカーにより示されます。ロボットは頭部のCCDカメラにより箱とゴールマーカーを認識します。箱の下には車輪をつけ、ロボットは膝で箱を押して運びます。ロボットは二足歩行のため不安定な要素が多く、箱を押す場合にもまっすぐ進ませることは困難となります。そこでQ学習を使いますが、最初から学習するのには前述のように膨大な時間が必要となります。そこで筆者らは進化計算（の遺伝的プログラミング、GP）と強化学習を統合した適応的な行動獲得手法を提案しています。GPを用いてシミュレータ上で大まかな行動を学習します。そのためのノードは以下のとおりです。

- 終端ノード：{move-forward, turn-left, turn-right}
- 関数ノード：{if-box-ahead, box-where, goal-where, prog2}

if-box-ahead関数は、箱がロボットの正面手前の位置にあるときに第一引数を、そうでないときに第二引数を実行します。box-where関数とgoal-where関数は、ロボットから見た箱やゴール領域の位置に応じて引数の一つを実行します。

実環境下で、終端ノードであるmove-forward、turn-left、turn-rightの行動を最適化させて実ロボットの動作特性に適応させるために強化学習を行います（**図1.18**参照）。興味深いことに、AIBOで学習した結果の遺伝的プログラミングを用いて、HOAP-1を用いた実験でも的確にタスクを達成する行動を学習することができました（**図1.19**）。つまり進化計算と強化学習を統合することで、異なるロボット間での実環境適応を実現し、より迅速なタスクの達成に成功しています。これは強化学習で得られる方策に基づいて、進化計算でより一般的な知識を獲得する手法につながります。これらの研究の詳細は文献 **[116]** を参照してください。

[*15] 富士通オートメーションのHOAP-1を用いた。高さは約48 cm、重さは約6 kg、両足それぞれ6自由度、両腕それぞれ4自由度を有する。

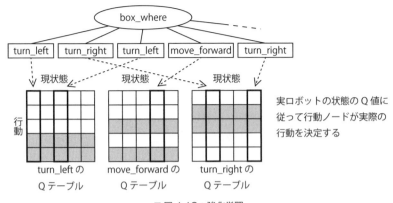

■ 図 1.18：強化学習

1.3 学習と進化の不思議な関係

　自分が一生懸命に学習獲得したことをそのまま子供や子孫にまで伝えられたら、親としてこんな良いことはないでしょう。"ラマルク仮説"は、一個体の生涯で得られた特質や学習して獲得された形質がその個体の子孫に遺伝的に継承され得るというものです（以下の記述は [78] をもとにした）。しかし、それに反する圧倒的な証拠によってラマルク仮説は事実上否定されています。

　では、学習は進化に対して影響を及ぼさないのでしょうか？ ラマルク主義の否定にもかかわらず、学習（さらに一般的には、表現型上における柔軟性）は進化に対して重要な効果を持っています。この一つがジェイムス・ボールドウィン[*16]によって提唱されたボールドウィン効果（1896 年）です。ボールドウィンは、学習は生き残りに役立ち、最も多く学習できる生物は最も多く子孫を残せるので、学習の要因となる遺伝子の頻度は増加すると指摘しました。そして、環境が比較的固定していれば、学習すべき最良のものは不変であるので、その形質が選択を通して遺伝的にコード化されることになります。

　たとえば、ある植物が有毒であることを学ぶ能力を持った生物は、そのことを学べない生物より（その植物を食べないことの学習によって）生き残りに関してより有望です。それゆえに、この学習能力を持つ子孫が生まれやすくなります。そのうえ、望ましい行動を遺伝的にコード化させられれば、一生かけてその望ま

[*16] James Mark Baldwin（1861-1934）：アメリカ合衆国の哲学者・心理学者。

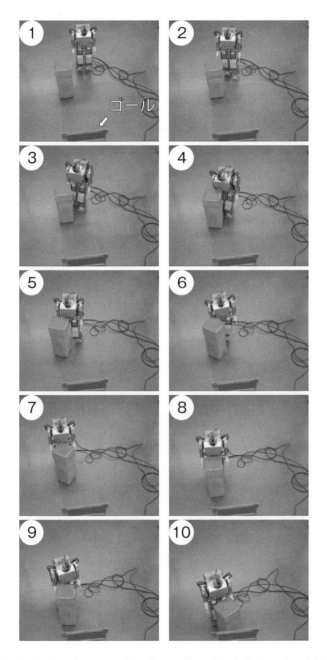

■ 図 1.19：学習によってヒューマノイドロボットが獲得した行動（各写真の下部中央がゴール）

しい行動を単に学んだ生物よりも選択において優位になるでしょう。行動の学習は遺伝的に符号化された行動の展開より信頼性が低いからです。遺伝的に符号化された情報は出生後ただちに有効となり得ます。それに対して、学習には時間がかかり本質的に試行錯誤が必要です。

つまり、必要とされる形質を得るための能力は、学習する生物を生き残りやすくさせ、遺伝的な変化に必要な形質を独立して発見させる余地を与えます。そのような学習なしには、生存の見込み（遺伝的発見の機会）は減少します。この直接的な方法によって、学習した内容が遺伝的に直接伝達されなくても、学習は進化を導くことができるのです。たとえば、第一染色体にある Crebs と呼ばれる学習と記憶を働かせる遺伝子が知られています。この遺伝子がないと、学習したり思い出すことができません。学習プロセスの間はこの遺伝子群のスイッチがオンとなり、タンパク質をつくり続ける必要があります。Crebs 遺伝子が、ほかの遺伝子群のスイッチをオンにし、続いてその遺伝子群の個々の遺伝子が転写産物をそれぞれ対応するシナプスに送り、シナプス結合の強さを変えているのではないかと考えられています **[84]**。

こうした学習と進化に関するメカニズムを"ボールドウィン効果"と呼びます。現在では、これには次の二つの段階があるとされています。

- 第一段階：適応的形質が学習可能なことからメリットを得た個体が集団中に広まる。
- 第二段階：学習にかかるコストがより小さい個体が集団に広まる。つまりより生得的に適応的形質を獲得する。

第 2 段階は、ボールドウィンから約 50 年後、コンラッド・H・ウォディントン[*17]が提唱した"遺伝的同化作用"のメカニズムです（1942 年）。危機的な環境変化は通常は必要ない表現型での適応を必要とします。普通は現れなくても、こうした形質の遺伝子が集団内にすでに存在すれば、学習した表現型での適応が種を絶滅から救うことになります。つまり、危機的環境では、かなり速やかにこれらの形質が発現するでしょう。これにより、以前に得られた形質は遺伝的に現れ

[*17] Conrad Hal Waddington (1905-1975)：イギリスの発生生物学者。はるか昔に、現在の研究の中心であるシステム生物学の基礎を築いたともされる。

やすくなり、その遺伝子は集団内に広がっていきます。ウォディントンは、果実バエの実験で実際にこうした効果が起きることを実証しました。遺伝的同化は進化生物学者の間ではよく知られています。

生物学上明確に説明できないものを応用することは困難かもしれません。しかしそれをプログラムで実装することは可能です。また、問題解決にとって有利であれば積極的に取り入れる立場を取りたくもなります。これは AI の実践において頻繁に用いられる最適化手法の一つです（199 頁参照）。

さらに一歩踏み込んで、ラマルク主義を取り入れることも可能でしょう。これを進化に適用することは、学習の結果を次世代に引継ぎ、進化の速度を速めることにつながります。その反面、解の探索空間が狭くなり、局所解に陥りやすくなります。一方、ボールドウィン効果を適用すれば、この問題を避けつつ、学習した内容を有効に次世代で利用することができます。どちらを採用するかは問題の性質によります。単純な問題ではラマルク主義が、複雑で局所解の多い問題ではボールドウィン効果が有利です。たとえば Hinton と Nowlan はボールドウィン効果を進化計算を用いて実験しています **[110]**。そこでは、"望みのない探しもの (needle in a haystack)"問題の平滑化を実証しています。この詳細は文献 **[11]** を参照してください。

以下では、標準的な遺伝的プログラミング（GP）におけるボールドウィン効果を見てみましょう。たとえば、次のような遺伝的プログラミングの木構造を考えます[*18]。

```
(if (food-ahead) (moveforward)
   (if (between 0 x 3) (moveback) (turnright))
)
```

これは、食べ物が前方にあれば前進し、なければ、x 座標が 0 から 3 の間の場合は後退し、そうでなければ右に回転するだけという単純なプログラムです。GP では、たとえば (if (between 0 x 3) (moveback) (turnright)) の部分木や、(turnright) といったノードを交叉、突然変異させることでプログラムを進化させます（図 1.5、図 1.6 参照）。

[*18] これらのプログラムは LISP 言語で書かれている。対応する木構造は図 1.5 と図 1.6 を参照されたい。

この例では、プログラムは「確定的」です。すなわち、(if (food-ahead) (moveforward) …) のうち、(food-ahead) の条件が満たされれば必ず前進 (moveforward) し、それ以外の行動を取ることはありません。このように単純な行動の場合は、それでいいかもしれませんが、次のような場合はどうでしょうか？

```
(if (enemy-ahead) (moveback)
   (if (between 0 x 3) (moveleft) (turnright))
)
```

　これは、「敵が前方にいた場合、後退する」というものです。いかなる場合も後退することが適切とは考えられません。つまり、環境に応じて後退する場合もあれば、右や左に避ける必要がある場合もあるでしょう。そこで、そのときの行動を学習できるようなプログラムを考えます。

```
(if (enemy-ahead) (pickmove)
   (if (between 0 x 3) (moveleft) (turnright))
)
```

　この場合は、敵が前方にいた場合の行動は確定的ではありません。(pickmove) の部分では、前節で説明した強化学習のプロセスに従って、どの行動を取るべきかが決まります。これが学習の要素です。
　学習の次の段階として、獲得形質を遺伝子にコード化するプロセスがあります。具体的には、初めは遺伝子中に数多く存在した (pickmove) ノードが、自然と減少していきます。
　次の二つの遺伝子を見てみましょう。これらはともに比較的優秀な成績を収める遺伝子であるとし、遺伝的プログラミングの基本方針に従って交叉させます。

```
(if (enemy-ahead) (pickmove)
  (if (between 0 x 3) (moveleft) (turnright))
)

(if (enemy-ahead) (moveback)
  (if (between 0 x 3) (pickmove) (turnright))
)
```

交叉させた結果は、たとえば次のようになります（図 1.5 参照）。

```
(if (enemy-ahead) (pickmove)
  (if (between 0 x 3) (pickmove) (turnright))
)

(if (enemy-ahead) (moveback)
  (if (between 0 x 3) (moveleft) (turnright))
)
```

上の遺伝子では学習の要素が増加しているが、下の遺伝子では学習の要素が減少しています。下の遺伝子が必ずしも優秀な成績を収めるというわけではありません。しかし優秀な遺伝子同士を交叉させた場合、より優秀なものが生まれる可能性があります。仮に下の遺伝子が優秀であるとすれば、結果として獲得形質が遺伝したように見えます。すなわち、学習の過程で (pickmove) には (moveleft) や (moveright) などの値が入って試行錯誤が繰り返されますが、最終的に遺伝する際はあくまでも (pickmove) のまま次世代に受け継がれています。

もちろんこれは極端な例です。学習の要素が全くなくなると環境適応性を失うこともあります。以下で説明する例（Q 学習と GP を組み合わせた実際の研究（RGP）**[103]**）では、最初は多数存在した学習の要素が、徐々に最適な量に落ち着く過程が見られます。

図 1.20 のような、10×10 マスの迷路を考えます。この問題の目的は、スタートからゴールまで、エージェントが辿り着くことです。

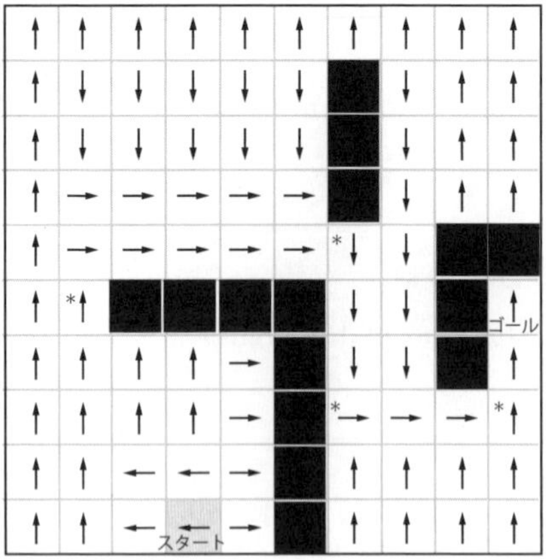

■ 図 1.20：RGP における 10 × 10 マスの迷路（*はサブゴールを表す）

通常の GP で使う非終端記号（関数）と終端記号は以下のとおりです。括弧内は引数の数です。

1. 論理式 and(2)、or(2)、not(1)、in-region(4)
2. 条件式 if(3)
3. 終端記号 mve(0)、mvw(0)、mvs(0)、mvn(0)、整数 (0-9)

ここで、in-region は、in-region(x1, x2, y1, y2) の形で使い、エージェントの座標がこの範囲にあるときに真となります。また、終端記号はそれぞれ東西南北への移動を示します。通常の GP では、プログラムはたとえば次のようになります。

```
(if (in-region 1 3 0 4)
  (if (in-region 1 1 5 5) (mvw))
  (if (in-region 6 6 7 8) (mvs)(mve))
)
```

これだけでもプログラムは動きますが、ここには学習の要素がありません。そこで、前述のような学習の要素を持つ終端記号、(pickmove) を導入しましょう。ノード、(pickmove) においては、(mve)、(mvw)、(mvs)、(mvn) の中から、Q 値に従って自由に選ぶことができます。また、選んだ結果に応じて、Q 値の更新が行

われます。RGP においては、(mve)、(mvw)、(mvs)、(mvn) においても状態の変化と報酬を監視し、Q 値を更新します。報酬は、ゴールが (10)、ゴールへの適切な経路上にある（*）の印のある場所は (2)、壁にぶつかった場合は (−1)、同じ場所を 2 度通った場合は (−1) です。こうしてできたプログラムは、たとえば次のようになるでしょう。

```
(if (in-region 1 3 0 4)
  (if (in-region 1 1 5 5) (mvw))
  (if (in-region 6 6 7 8) (mvs)(pickmove))
)
```

プログラムをルート（最上位の根）から辿り、(pickmove) に辿り着いた場合は、Q 学習に従って行動が決められます。また、通常の Q 学習では Q テーブルに状態と行動の対を保存しますが、上記のプログラムからわかるように、RGP では大雑把な状態（in-region）が GP の遺伝子型に保存されています。なお、GP では、適合度が最も高い個体をそのまま次世代に移すようなエリート戦略を用いています。

RGP を実行した結果を**図 1.21** と**図 1.22** に示します。図 1.21 は適合度の変化です。エリート戦略にもかかわらず最大適合度が上下しているのは、学習の部分で全世代よりも効率的に学習できないことがあるからです。図 1.22 は、集団における (pickmove) ノードの平均的な数です。20 世代前後までは増加しますが、その後は減少に転じ、最終的には 1 付近に収束しています。これは、適切に学習された要素が自然に次世代にコード化されていくような、ボールドウィン効果が生じているためと考えられます。

次の四つの手法について、3 種類の異なる難易度を持つ 5×5 の迷路で比較しました。

- 標準的な GP
- randmove(0) という、ランダムに動く方向を決めるノードを加えた GP
- RGP
- 学習したノードの 20% を直接次世代に受け継ぐ、ラマルク主義 RGP

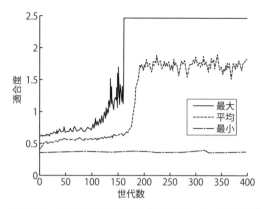

■ 図 1.21：図 1.20 の迷路で RGP を実行したときの適合度

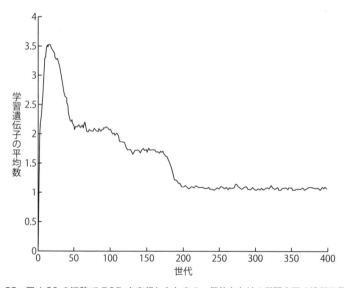

■ 図 1.22：図 1.20 の迷路で RGP を実行したときの、個体あたりの学習を司る遺伝子数の平均

　比較的やさしい2種類の迷路ではラマルク主義 RGP が最も良い成績を収め、次いで RGP、GP(randmove)、GP の順でした。このことは、単純な環境においては局所解に陥る危険性が低く、収束の早いラマルク主義を取り入れた RGP が有利であることを裏付けています。

　一方で、**図1.23** に示す複雑な迷路では、異なった結果となりました。**図1.24** からもわかるように、複雑な環境ではより広い探索空間を持つ、ボールドウィン

1.3 学習と進化の不思議な関係

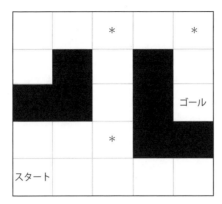

■ 図 1.23：比較のための 5 × 5 マスの迷路の中で、最も複雑なケース（*はサブゴールを表す）

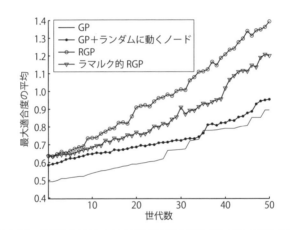

■ 図 1.24：4 種類の方法における平均適合度の比較（図 1.23 の迷路を使用）

効果を導入した RGP が優れた成績を収めています。

　ボールドウィン効果の例をいくつか考えてみましょう（以下、**[84, 85]** 参照）。あなたは牛乳を飲むとお腹がゴロゴロしませんか？ 日本人の多くは牛乳を飲むとお腹が緩みやすいとされています。その理由は乳糖（ラクトース）[*19] の消化能力がないからです。成体になってからも乳糖を消化できる哺乳類は多くありません。それは幼体をすぎてから牛乳を飲むことがないからです。一方、西ヨーロッパや東アフリカの人々は、ラクターゼ遺伝子のスイッチを切らないことで、大人になってからも乳糖を消化する能力を進化させました。これが起きたのは、牛を

[*19] 牛乳に含まれている炭水化物。ラクターゼという酵素がなければ消化できない。

家畜化して牛乳を初めて生産した二つの地域（西ヨーロッパ、東アフリカ）でした。興味深いことに、乳糖を消化できたので畜産を始めたのではありません。あくまで、ランダムな変異で遺伝子スイッチを切らずにしたのです。こうして乳糖を消化できる変異をたまたま持った人はそうでない人よりも生き残りやすく、このためラクターゼ遺伝子が広まりました。これはボールドウィン効果の一種と考えられるでしょう。

　また、サルなどの動物がヘビを怖がるのは学習でしょうか？ これを学習していると致命的です。つまり条件付けで学習する機会はあまりありません。あったとしても死んでしまっては意味がありません。そこで仲間がヘビに対して示す恐怖反応を観察して、ヘビへの恐れを学習すると考えられています。それに対して、実験室で育ったサルはこの経験がないので、恐れを学習しないそうです。ところが、サルに対してはヘビではこの学習が可能でしたが、花を怖がるようには学習させられませんでした。

　同じようなことが人間にも当てはまります。人間は石器時代に脅かされた暗闇、高所、深い水の中、閉所、雷などを怖がるように学習します。このように、人や動物は進化の過程で意味のあった危険への恐怖を学習するように遺伝的に組み込まれています。これは「準備された学習」と呼ばれます。つまり、学習には、学習のシステムを構築する遺伝子だけではなく、それを働かせる遺伝子も存在しているのです。

第2章

創発する複雑系

脳は中央で立てられた計画よりも
地元のうわさ話に基づいて作用する
（マイケル・S・ガザニガ [24]）

2.1 創発とは

創発（emergent property）はもともと生物学の用語です。その好例はアリの社会的生活に見られます。アリの一匹一匹は単純な機械的行動しかとりません。しかしながら、アリの巣全体としては餌や敵の分布パターンに応じ高度に知的な団体行動を行い、集団の生存率を高めています。その結果、異なる仕事をするよう特殊化した個体から成るカスト制が生じ、社会的な分業や協同現象が見られるようになります（図 2.1 参照）。巣全体の行動を規定する規則（プログラム）は存在しません。それにもかかわらず、単純なプログラム（個々のアリ）の集合的作用の結果として知的な全体的行動が発現することを創発と呼びます。

働きアリ

女王アリ

ヒラズオオアリの兵隊アリ
生きた戸口となる
栓のような頭で、
巣の入口を
ふさいでいるところ

タカサゴシロアリの
不妊カスト
接近する敵に、有害な物質を
吹き付ける水鉄砲の
ような頭を持つ

ミツツボアリの飽食した
働きアリ
終生生きた貯蔵樽として
巣の中で活動する

■ 図 2.1：アリの分業の創発 [146]

創発では、ミクロの相互作用から生じるマクロ現象というのが中心的な考えとなっています。これは生態学における形態形成（パターン生成）や動物集団による群れ形成などさまざまな分野で観測されます。経済や金融の活動でも創発現象は見られます。たとえば金融市場ではそれぞれの個体（市場参加者、投資家）は周囲の情報をもとに自らの利潤を追求し、他の個体と相互作用（投機行為など）を行います。その結果、金融市場全体を見たときには、「模様眺めの値動き」や「神経質な動向」といった現象が観測されます。一方、それぞれの市場参加者は

必ずしも神経質に振る舞ったり、模様眺めをしたりするわけではありません。このようにミクロの相互作用には記述されていないマクロ現象が生じることが創発です。エドワード・ウィルソン[*1]は「生命現象の高次の性質は創発的である」と主張しています [42]。つまり、細胞から生物個体へ、個体から社会へと至る高次のレベルの現象は、それぞれを構成する部分の性質についての知識のみでは記述できないのです。

創発には二つの種類があります [23]。

弱い創発 元素レベルの相互作用の結果、新しい性質が出現すること。創発された性質は個々の要素に還元できる。

強い創発 新たに出現した性質は、部分の総和以上なので還元できない。別レベルの構造を支配する法則を理解したところで、性質の法則性を予測できない。

集団になると、根底にある規則には含まれていない性質や傾向を自発的に獲得します。創発は、物理学、生物学、化学、社会学、芸術などいろいろな分野で認められています。しかし、従来の物理学や還元主義的なアプローチでは強い創発が扱えません。

人間の知能も創発により説明できるのではないかと筆者は考えています。しかしながら、創発に対して批判的な脳研究者や神経科学者は少なくありません。彼らの多くは還元主義のアプローチをとり、脳の中の幽霊というような決定論的な説明のできない概念を嫌うからです。一方、同一の行動を導き出すネットワーク構成の組み合わせは極めて多数であることが知られています。そのため、神経回路をいくら分析しても理解できるのは仕組みだけで、実際にどう動いているかはわからないので、神経科学者には大きな障害となります。組織には異なるレベルがあることの認識が、創発を理解するために必要です [23]。最近では、ミクロからマクロの階層に指令の因果連鎖が移行する仕組みが神経科学者らにより数理的に研究されています [108]。

[*1] Edward Osborne Wilson（1929-）：アメリカの昆虫学者。社会生物学や生物多様性の研究者。社会生物学論争については 127 頁参照。

2.2 セルラ・オートマトンとカオスの縁

セルラ・オートマトン（CA: cellular automaton）とは格子状に配置されたセルに対して、単純な規則を定義した計算モデルのことです。通常、互いに隣接しているセルがそれぞれある状態を持ちます。あるセルの状態は、隣接しているセルの状態をもとに変化していきます。代表例として2次元空間上でのライフゲームがあります [7]。

以下では、一次元でのライフゲームを考えましょう。これは最も簡単なセルラ・オートマトンの例です。ここで時刻 t での一次元のセルの並びを、

$$a_t^1, a_t^2, a_t^3, \ldots \tag{2.1}$$

と書きます。ただし各変数は 0（オフ、図 2.2 では白色に対応）または 1（オン、黒色）の値をとります。このとき、i 番目のセルの時刻 $t+1$ での状態 a_{t+1}^i を決定する一般則は、時刻 t での状態の関数 F として次のように書けます。

$$a_{t+1}^i = F(a_t^{i-r}, a_t^{i-r+1}, \ldots, a_t^i, \ldots, a_t^{i+r-1}, a_t^{i+r}) \tag{2.2}$$

ただし r は自分に影響が及ぶ範囲（半径と呼ぶ）です。

たとえば $r=1$ に対して、次のような規則、

$$a_{t+1}^i = a_t^{i-1} + a_t^i + a_t^{i+1} \pmod 2 \tag{2.3}$$

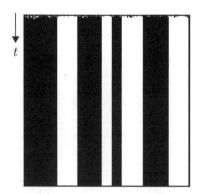

■ 図 2.2：多数決投票を実行する CA[124]

に対しては次状態が以下のように決まります。

時刻 t ： 0010011010101100
時刻 t+1： *111110010100011*

興味深い問題として、多数決ルールを探すタスクがあります。これは与えられた長さの一次元バイナリ列に対して、1（または0）の数が多ければ最後にはすべて1（または0）の列になるような変形規則を、できるだけ小さな近傍半径 (r) で探す問題です。この問題に対する一般的な解答は知られていません。

例として、長さ149で半径3の多数決問題を考えましょう。半径3のため自分自身を合わせて7（= 3 + 1 + 3）ビットの入力値それぞれに対して1か0を割り当てる関数を求めることになります。そのためこの問題の探索空間は 2^{2^7} です。

CAはどのようにして多数決問題を解くのでしょうか？　一つの方法は、あるセルの色（黒か白）を近傍のセルの多数の色に変えることです。しかしこの方法は図 2.2 に示すようにうまくいきません。黒と白に分割された固定パターンになってしまいます。図では、初期状態が一番上の行であり、時間が経つにつれて下の行になるように表示しています。

この問題に対して、Gacs らは 1978 年に GKL と呼ぶルールを見出しました。その後 1995 年に Lawrence Davis はこの規則の改良版を見つけました。さらに Rajarshi Das も別の修正規則を提案しました。一方で、進化計算（GA や GP）を用いて効果的な規則を発見する研究もなされています。GP を用いる場合はブール関数の学習を適用します。適合度は、ランダムに生成した 1,000 個のバイナリ文字列（長さ 149）のうち正しく処理できた割合とします。

さまざまな手法で獲得されたルールを**表 2-1** に示します。ここでは遷移ルールを 0000000 から 1111111 の順に 128 ビットの形で示しています。つまり最初のビットが 0 であれば

$$F(000\ 0\ 000) = 0 \tag{2.4}$$

を示します。**表 2-2** は各規則の比較結果です。GP を用いて得られた規則は非常に効率的であることがわかります（詳細は文献 **[88]** 参照）。

図 2.3 は、GA で進化させた CA が多数決問題をうまく解く様子を示しています **[123, 124]**。最初に黒か白のセルで優勢であった領域が、同一色のセルで完全に占有されます。右側の黒領域が左側の白領域と会合する場所には垂直線が常に

■ 表 2-1：多数決ルール

規則名（年）	推移ルール
GKL（1978）	00000000 01011111 00000000 01011111 00000000 01011111 00000000 01011111 00000000 01011111 11111111 01011111 00000000 01011111 11111111 01011111
Davis（1995）	00000000 00101111 00000011 01011111 00000000 00011111 11001111 00011111 00000000 00101111 11111100 01011111 00000000 00011111 11111111 00011111
Das（1995）	00000111 00000000 00000111 11111111 00001111 00000000 00001111 11111111 00001111 00000000 00000111 11111111 00001111 00110001 00001111 11111111
GP（1995）	00000101 00000000 01010101 00000101 00000101 00000000 01010101 00000101 01010101 11111111 01010101 11111111 01010101 11111111 01010101 11111111

■ 表 2-2：多数決問題の成績

規則	成績（正解率）	テスト数
GKL	81.6%	10^6
Davis	81.8%	10^6
Das	82.178%	10^7
GA	76.9%	10^6
GP	82.326%	10^7

存在します。一方、右側の白領域が左側の黒領域と会合するところにはチェス盤パターンの三角領域が形成されます。

チェス盤パターンのある中心部分の三角領域の二つのエッジは同じ速さ（単位時間あたり同じ進行距離）で成長します。右のエッジはかろうじて垂直の境界を回避します（図の右と左がつながっていることに注意）。したがって、左のエッジの延びは短くなります。左のエッジは衝突点で消滅し、黒領域が成長していきます。そのため、左のエッジに付随する白領域の長さは右のエッジに付随する黒領域よりも短くなります。さらに、三角の領域は底部で消滅し全体が黒くなり、多数決の正解が得られます。

Melanie Mitchell は、力学系の振る舞いを用いて GA で進化した CA の情報処理構造を分析しました **[123, 124]**。単純な領域の間の境界（エッジと垂直の境界）は情報の伝達子と考えられます。情報はこれらの境界が衝突するときに処理されます。**図 2.4** は図 2.3 にある境界のみを示しています。境界線は、物理学に

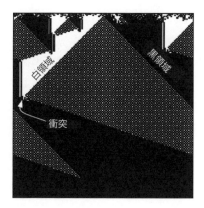

■図 2.3：GA により進化した CA の振る舞い [124]

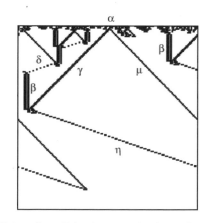

■図 2.4：粒子の衝突による CA の振る舞いの説明 [124]

おける霧箱の素粒子の比喩的な意味で、粒子と呼ばれています。物理の伝統にならい、粒子はギリシャ文字で表されています。この CA では六つの粒子が生成されています。各粒子は異なる種類の境界を表現します。たとえば、η は、黒領域とチェス盤パターンの領域の間の境界です。図には多くの粒子の衝突が見られます。$\beta + \gamma$ が新しい粒子 η を生成し、両粒子は $\mu + \eta$ の衝突で全滅します。

CA の振る舞いを粒子の言葉で表現すると、コード化された情報の計算方法を簡単に理解できます。たとえば、初期配置では α 粒子と β 粒子は異なる情報でコード化されています。γ 粒子は白い領域の境界であるという情報を含んでいます。μ 粒子は黒い領域の境界です。γ 粒子が β 粒子と衝突すると、二つの粒子で

運ばれていた情報が統合され、初めの白領域が境界を共有する黒領域よりも小さいことが示されます。これが新しく生成された η 粒子にコード化されます。

スティーブン・ウルフラム[*2]はさまざまな規則（式 (2.2)）を適用した場合にどのようなパターンが生じるかを系統的に研究しました **[147]**。その結果、一次元 CA により生じるパターンを次の四つのクラスに分類しました。

クラス1 すべてのセルの状態は均一となり、初期に持っていたパターンが消える。たとえば白または黒の一色となる。

クラス2 縞模様のように変化しないパターンや周期的に繰り返すパターンに落ち着く。

クラス3 非周期的でカオス的な振る舞いをするパターンが現れる。

クラス4 パターンが消えたり、非周期的あるいは周期的なパターンとなり、予期できない複雑な振る舞いをする。

これらのパターンの例を図 **2.5** に示します。これらはそれぞれ次のようなルールです（ただし半径1）。

- クラス1：Rule0
- クラス2：Rule245
- クラス3：Rule90
- クラス4：Rule110

ここでは遷移ルールを 000 から 111 の順に 2^{2^3} ビットの形で示し、それを 10 進数に読み換えた値を Rule の数字としています。たとえばクラス4の Rule110 では、遷移ルールは、

$$01101110_{2進} = 2 + 2^2 + 2^3 + 2^5 + 2^6 = 110_{10進} \tag{2.5}$$

となります **[122]**。つまり、000、100、111 は 0 に、001、010、011、101、110

[*2] Stephen Wolfram（1959–）：イギリス生まれの物理学者。Wolfram Research Inc. の創設者。20歳でカリフォルニア工科大学において Ph.D. の学位を取得。1986年より開発した数学ソフト Mathematica は現在では理論研究や技術計算に不可欠のツールとなっている。

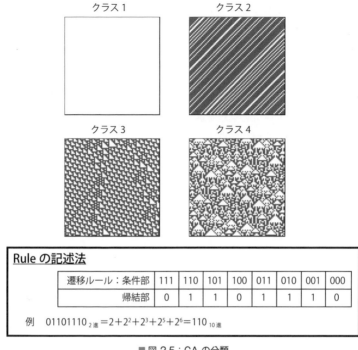

■ 図 2.5：CA の分類

は 1 に変換されます。

Rule110 は次のような特徴を備えていて、多くの研究者や愛好家の興味の的となっています。

1. 計算万能性を示す **[147]**
2. $1/f$ ゆらぎ*3
3. 予測は P-complete である **[129]**

より一般に、クラス 4 はチューリング・マシンとほぼ同等の複雑性を示すことがわかっています。これは、ルールと初期状態が与えられたとしても、発展過程を予言（計算）する関数はないということです。発展の状態を調べたいなら具体的に一世代ずつシミュレートするしかありません。そのため予測は不可能であ

---

*3 スペクトル密度が周波数 f に反比例するゆらぎ。自然現象において観測されることが多い。

り、形式的に決定不可能となります。したがって、計算論的に不可逆な過程であることがわかります。

上に述べたようなCAの振る舞いから、「カオスの縁」という概念がスチュアート・カウフマン[*4]らにより提唱されました。これは周期的構造と非周期的なカオス構造の繰り返しを行うようなクラス4のパターンです。人工生命では、「生命はカオスの縁から生まれた」という仮説があります。

CAを用いたシミュレーションはさまざまな分野で応用されています。たとえば、

- ライフサイエンス、特に遺伝、免疫、生態形成など
- 高速道路の渋滞予測（シリコン交通と呼ばれている）
- 災害：原油流出事故による海洋汚染、森林火災
- 材料・製造分野
- フラクタル形成

です **[25]**。これらは、相転移における臨界現象を観察するための有効な手段とされています。シリコン交通については3.5節で詳しく説明します。また、**図 2.6**にはいくつかの貝殻の紋様を示しています。この紋様と図2.5の一次元CAの時間発展パターンの類似に注目してください。なお2.4節ではパターン形成のためのより精密なモデルについて説明します。

[*4] Stuart Alan Kauffman (1939–)：アメリカの理論生物学者。複雑系の研究者。1986年から1997年までサンタフェ研究所に在籍し、地球の生命の起源やさまざまな生物学のモデル提唱に多大の貢献をした。

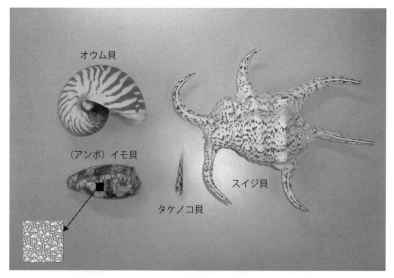

■ 図 2.6：貝の模様と 1 次元 CA

2.3 シェリングと社会科学：正義とはなんだろうか？

　二つの異なる色を持った駒（以下ではエージェントと呼ぶ）を 2 次元空間に並べてみます。その空間において、各エージェントは近傍（ムーア近傍、上下左右斜めの 8 近傍）が自分と同じ色であることを希求します。つまり周りの駒の色が自分と異なるときにはそこから移動します。

　これはトーマス・シェリング[*5]の分居モデルです **[138]**。シェリングは、ミクロレベルの選好によって、いかにマクロレベルの現象が創発するかを研究しました。ここでの選好とは、「何パーセント以上自分と同じ色でないと嫌か」についての閾値を意味します。

　このモデルの基本ルールは次のようになります。

---

*5　Thomas Schelling（1921-2016）：アメリカの社会科学者、経済学者。2005 年にノーベル経済学賞受賞。

- エージェントは二つのグループのいずれかに属し、同じ色の近傍に対して一定の選好を持つ。
- エージェントは近傍のうち自分と同じ割合を計算する。
- この割合が選好以上になったときは満足し終了する。さもなければ、選好を満たす場所のうち、他のエージェントのいない近傍にランダムに移動する。

シェリングの時代にはコンピュータが身近にはなかったので、彼はチェス盤上にコイン（ペニーとダイム貨幣）を置き、サイコロを投げて実際に手作業で実験をしたそうです（**図 2.7** 参照）。

本来は、ペニー硬貨 23 枚とダイム硬貨 22 枚での実験である。

■ 図 2.7：シェリングの分居モデル

図 2.8、**図 2.9**、**図 2.10** は実際に上のルールで実験をした様子です[*6]。2 集団が交互に入り乱れている初期状態のときには、50% 選好とすると集団がはっきりと分かれて安定しました（図 2.8）。一方、選好を 33% より小さくすると、初期状態のままで安定します。なお図の白い駒は空き地を示します。3 集団では、50% の選好であれば完全に集団が隔離します（図 2.9）。一方、選好が 33% なら、集団の一部が他の集団に囲まれたままで安定します（図 2.10）。また、安定に至るまでの繰り返し回数は 33% 選好のときの方がかなり少なくなります。

[*6] このシミュレーションは http://www2.econ.iastate.edu/tesfatsi/demos/schelling/schellhp.htm にあるシステム Schelling v.1.1 に基づく。使用した happiness rule パラメータは、33% 選好のとき $\{1, 1, 1, 1, 2, 2, 3, 3\}$、50% 選好のとき $\{1, 1, 2, 2, 3, 3, 4, 4\}$ である。

2.3 シェリングと社会科学：正義とはなんだろうか？

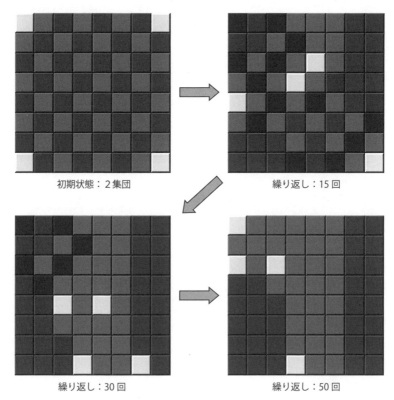

初期状態：2集団　　　　　　　　繰り返し：15回

繰り返し：30回　　　　　　　　繰り返し：50回

■ 図 2.8：2 集団、選好が 50% のシミュレーション（口絵参照）

シェリングは以下のような実験結果を観測しました **[81]**。

1. 選好が 0.33 のとき、二つの色が分居するようになった。
2. 選好を一方の色では高く、他方には低く設定すると、値の低い色は広がっているのに対して、値の高い色は集まった。
3. 「同種の色が自分の周囲に三つ以上存在すると満足する」というように選好基準を変更しても、二つの色は分居するようになった。

すなわち、最終的に二つの色に分離したパターンとなり、どのエージェントも近隣がすべて自分と同じ色になることを要求しがちでした。シェリングは、相対的に小さな変化を個体の選好に加えることでマクロな分居パターンに劇的な変化が生じることも見出しています。特に、各エージェントの「偏見（＝選好の偏り）」

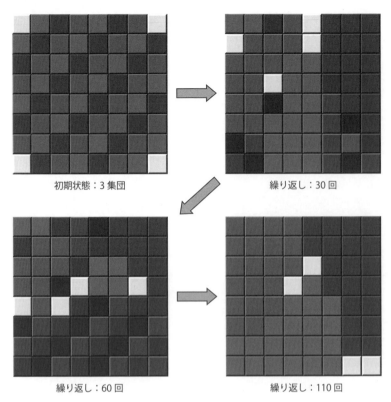

初期状態：3集団　　繰り返し：30回
繰り返し：60回　　繰り返し：110回

■図2.9：3集団、選好が50%のシミュレーション（口絵参照）

と分居パターンには相関関係があります。

　この0.33という閾値を臨界値と呼んでいます。臨界値は臨界現象の相転移が起きる値であり、複雑系シミュレーションで重要なパラメータです。

　さて、分居モデルにおける臨界値の低さに注目してください。つまり、同種がたくさんいる場所を強く選好しているわけではないにもかかわらず、社会全体としては分居してしまう可能性があるのです。

　「色盲（＝博愛主義者：選好の閾値0）」が存在する場合には、人種をかき混ぜる効果があるようです。ただしこれらの効果にはさまざまな臨界値が存在します。特に、各々のエージェントがお互いをそれほど嫌っていなくても（選好の閾値が低くても）、社会全体としては分居が進むことがわかりました。シェリングの結果は「人種差別」や「偏見」に関連する多くの問題を提起しています。このモデルを改良した研究は現在も行われています。

2.3 シェリングと社会科学：正義とはなんだろうか？

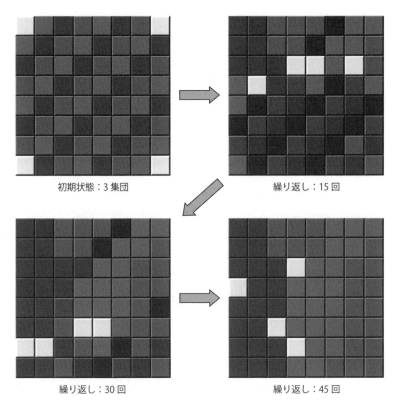

初期状態：3集団　　繰り返し：15回

繰り返し：30回　　繰り返し：45回

■ 図 2.10：3集団、選好が 33% のシミュレーション（口絵参照）

シェリングのモデルに「教会」を入れて拡張したシミュレーション実験をしてみました。このシミュレーションでは3種類の種族（エージェントの集団）を導入しています。各エージェントの移動ルールは次のようになっています [7]。

1. セル当たりの定員は1個体であり、複数個体は存在できない
2. 各ステップで、現在位置と周囲8マスの合計九つからランダムに移動先の候補を決める
3. 移動先候補の周囲8マスの情報から求まる満足度が、現在地点の満足度より高いと移動する
4. 基本的に教会に住むことはできないが、教会の周囲に移動先がない場合はそこにとどまる

満足度は次のように計算されます。

- 周囲8マスに同種族のエージェントが存在する場合、満足度が一つ上昇する
- 周囲8マスに教会が存在する場合、満足度が一つ上昇する
- 移動先が教会の場合、満足度が三つ上昇する
- 博愛主義者である場合、周囲8マスにエージェントが存在すれば満足度が一つ上昇する

シミュレーションから得られた3種族分居の様子を**図2.11**に示します．セルの色の意味は図に示すとおりです．図からわかるように、時間が経つにつれて分居が進んでいき、教会に人が入る状態（白）も多くなっています。それとともに不幸度（満足度の逆数）も減っていきます。

このような人種隔離現象を回避する政策の一つが、積極的差別是正措置（Affirmative action）です（以下の記述は**[39]**をもとにした）。これは、通常はマイノリティへの優先入学などとして実現されています。たとえば1970年代

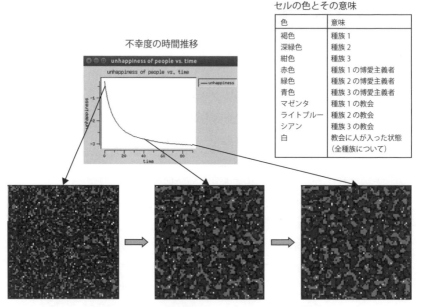

■ 図2.11：人種分居のシミュレーション（口絵参照）

半ばに、ブルックリン（アメリカ・ニューヨーク州）にあるスターレットシティでは、連邦政府の助成を受けたアメリカ最大の中間所得層向け公営住宅が建設されました。ここでは、異なる人種が共存するコミュニティをつくることを目標にして、入居者の規制を実施しました。具体的には、アフリカ系アメリカ人とヒスパニックの居住者を全体の 40% 以下に制限したのです。この政策の根拠はどこにあるのでしょうか？ それは、先のシミュレーションで見た臨界値です。白人の割合が閾値を下回ると、「白人の流出」が起き人種の統合が進みません。そのため人種と民族のバランスを適正に保つことで、さまざまな人種が暮らす安定したコミュニティの建設を目指しました。結果的にこの政策は成功しました。多くの家族が入居を希望し、待機リストがつくられるまでになりました。たとえば、白人世帯では 3、4 ヵ月、黒人世帯では 2 年待ちとなったそうです。

Affirmative action は、時には逆差別につながることにも注意する必要があります。その結果、差別が差別を呼ぶこともあります。果たしてこれが正義の政策なのかは難しいところです。さらに、人間は本質的に差別主義者ではないかという懸念もあります。たとえば、アメリカ人に対して他人の記述をさせるときには、必ず「年齢」「性別」および「人種」の三つの特徴が含まれるそうです [84]。一方で、4.6 節で説明する進化心理学の研究ではこの考えが否定されています。進化の過程で人種は比較的あとで出現しました。そのため、淘汰圧は人間の心に性別と年齢を重視し、人種には注目しない本能を組み込んだという仮説を心理実験的により検証しています。

2.4 チューリングのモデルと形態形成：魚のパターンはなぜ変わる？

人工知能や計算理論で有名なアラン・チューリングは、生物の紋様や形態形成についても研究しました [142]。形態形成のことを morphogenesis といいます。ここで morpho とは形態、genesis は形成の意味です。チューリングは、モルフォゲン（morophogen）という仮想的な化学物質の反応と拡散によって生物の形態形成が説明できるとし、以下で述べるようなモデルを提案しました。

モルフォゲン X と Y があって、それぞれ活性化と阻害の働きをします。そし

て X、Y は次のような反応・拡散方程式で支配されます（x、y はそれぞれ X、Y の濃度、f、g は X、Y の生成率、D は拡散係数）。

$$\frac{\partial x}{\partial t} = f(x,y) + D_x \nabla^2 x \tag{2.6}$$

$$\frac{\partial y}{\partial t} = g(x,y) + D_y \nabla^2 y \tag{2.7}$$

ここで右辺の第一項が化学反応による生成項、第二項が拡散による移動を示します。これは反応拡散方程式と呼ばれています。

チューリングはこのモデルを用いて以下のように仮定しました。

> **チューリング・モデル**
> 阻害物質の時間変化が活性化物質より遅く（つまり $\frac{\partial x}{\partial t} > \frac{\partial y}{\partial t}$）、阻害物質の拡散が活性化物質よりも速い（$D_y y > D_x x$）なら、定常的なパターンが生じる。

つまり、二つの化学物質が互いの合成をコントロールし合うとき、その物質の濃度分布は均一にならず、濃い部分と薄い部分が、空間に繰り返しパターン（反応拡散波）をつくって安定します **[33]**。

チューリング・モデルでは、$f(x,y)$、$g(x,y)$ を工夫することでさまざまな紋様の発生をシミュレートできます。以下では、チューリングモデルをセルラ・オートマトンで実現してみましょう。

Kusch らは反応・拡散を以下のような CA のルールとして記述し、チューリングモデルをシミュレートしました **[118]**。これは貝殻や動物の毛皮の紋様を再現するための 1 次元 CA です。よく知られている貝殻の紋様（図 2.6 参照）を生成させることが目的です。

各セルは二つの変数 $u(t)$、$v(t)$ を持ち、それぞれ活性化物質と阻害物質の量を表します。$u(t)$ は 0 または 1 のいずれかで、0 が不活性状態（白）、1 が活性化状態（黒）を表します。$u(t)$、$v(t)$ はそれぞれ二つの中間状態を経て $u(t+1)$、$v(t+1)$ に遷移します。そのルールは以下のとおりです。

```
(1) If v(t)>=1, then v1=[v(t)(1-d)-e],
    else v1=0
```

(2) If u(t)=0, then 確率 p で u1=1, 確率 1-p で u1=0.
    else u1=1
(3) If u1=1, then v2=v1+w1,
    else v2=v1
(4) If u1=0 and nu>{m0+m1*v2}, then u2=1,
    else u2=u1
(5) v(t+1)={<v2>}
(6) If v(t+1)>=w2, then u(t+1)=0,
    else u(t+1)=u2

ここで { } は最も近い整数を、< > は距離 rv 以内での平均、nu は距離 ru 以内の活性化セルの数を表します。(1) は時間ステップあたりの阻害物質の減少を記述します。特に $d = 1$ かつ $e = 1$ の場合は線形関数的減少、$0 < d < 1$ かつ $e = 0$ の場合は指数関数的減少です。(2) によって不活性のセルはある確率で活性化します。(3) は活性化しているセルが阻害物質を出すことを表しています。(4) で距離 ru 以内にある活性化セルの数 (nu) が、阻害物質 (v2) の線形関数 ($m0 + m1 \times v2$) より大きければ活性化します。これは活性化物質の拡散です。(5) は阻害物質が距離 rv 以内の平均になること、つまり阻害物質の拡散を表しています。(6) では、阻害物質量がある値より大きいとセルは不活性になります。

実験の結果を**図 2.12** に示します。ここでは特に断らない限り、$d = 0.0$、$e = 1.0$、初期確率 (InitProb) $= 0.0$ としています。他のパラメータは**表 2-3** にあるとおりです。この図に見られるような縞模様の分岐や中断などの実現は、微分方程式モデルのシミュレーションでは困難です。それに対して CA モデルでは、適切なパラメータにより容易にその再現が可能であることに注意してください。さらに、この結果の (e) と (h)〜(k) は 42 頁で説明したクラス 4 に相当すると考えられます。

チューリングの方程式を 2 次元でシミュレートすると、パラメータを変えるだけでさまざまな繰り返しパターンをつくり出せます。それを利用しパターンの時間変化を実現することができます。たとえばある魚では年齢により紋様が異なります。**図 2.13** はタテジマキンチャクダイ[*7]の幼魚と成魚です。大人と子供で大きく異なる模様が進化したのは、同種のライバルと見なして自分の子供を襲わな

[*7] 魚では、釣りあげた状態 (頭を上、尾を下) での縞模様でタテジマ・ヨコジマと区別する。

■ 図 2.12：チューリング・モデルのシミュレーション結果 ※パラメータの詳細は表 2-3 参照

2.4 チューリングのモデルと形態形成：魚のパターンはなぜ変わる？

■表2-3：チューリング・モデルのシミュレーションのためのパラメータ

(a)	ru = 1, rv = 17, w1 = 1, w2 = 1, m0 = m1 = 0, p = 0.002
(b)	ru = 16, rv = 0, w1 = 8, w2 = 21, m0 = 0, m1 = 1, p = 0.002
(c)	ru = 2, rv = 0, w1 = 10, w2 = 48, m0 = m1 = 0, p = 0.002
(d)	ru = 1, rv = 16, w1 = 8, w2 = 6, m0 = m1 = 0, p = 0.002
(e)	ru = 1, rv = 17, w1 = 1, w2 = 1, m0 = m1 = 0, p = 0.002
(f)	ru = 3, rv = 8, w1 = 2, w2 = 11, m0 = 0, m1 = 0.3, p = 0.001
(g)	ru = 1, rv = 23, w1 = 4, w2 = 61, m0 = m1 = 0, p = 0, d = 0.05, e = 0, initProb = 0.1
(h)	ru = 3, rv = 8, w1 = 2, w2 = 11, m0 = 0, m1 = 0.3, p = 0.001
(i)	ru = 3, rv = 0, w1 = 5, w2 = 12, m0 = 0, m1 = 0.22, p = 0.004, d = 0.19, e = 0.0
(j)	ru = 2, rv = 0, w1 = 6, w2 = 35, m0 = 0, m1 = 0.05, p = 0.002, d = 0.1, e = 0.0
(k)	ru = 1, rv = 2, w1 = 5, w2 = 10, m0 = 0, m1 = 0.3, p = 0.002

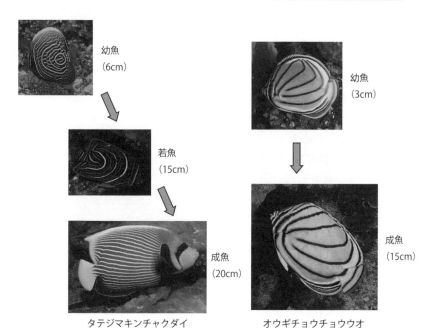

タテジマキンチャクダイ　　　　　オウギチョウチョウオ

■図2.13：熱帯魚の模様の変化

いためという説もあります。動物は成長によってサイズが大きくなりますが、均等に皮膚面積が広がると仮定すると模様もそのまま大きくなるはずです。一方、模様がチューリング・モデルによる「波」であるなら、間隔を保つためパターンの再構成が起きるでしょう。近藤らは、タテジマキンチャクダイの縞の枝分かれがチューリング・モデルから予測される変化と同じであることを実証しました [33]。つまり、模様が波だと仮定すると、枝分かれのような特異点は不安定なので特徴的な変化が起きます。その結果、縦縞の本数が分岐により増加することもわかりました。さらに縞模様が体表に沿って移動し、規則的なパターンに転移が出現したり消失したりするという予測も実測されました。

　生体以外では、化学反応によって発生する波もリズムを持ったパターンをつくることが知られています。その代表的なものがベルソフ・ザボチンスキー反応（以下 BZ 反応と呼ぶ）です [25]。これは旧ソ連の生物学者であるベルソフが、トリカルボン酸サイクル（生物のエネルギー代謝に関わる重要な反応系の一つ）の中で発見した反応です。酸化と還元を繰り返していくつかの物質の濃度が時間的・空間的に周期変化することで、水溶液の色が交互に変化する特徴があります。BZ 反応は最近でもさまざまに研究されています。面白い研究例として、ある濃度領域において 10 時間ほど振動が続いたのちに、数時間から 20 時間にわたる定常状態をはさんで振動が突然復活する現象が見出されています[*8]。

　CA を用いて BZ 反応をシミュレートしてみましょう。このモデルは以下のように表現できます [102]。各セルは $0, 1, \ldots, n$ の $n+1$ 個の状態を持ち、これらは三つのクラス、健康（0 のとき）、感染（$1, \ldots, n-1$ のとき）、病気（n のとき）に分類されます。状態の更新式は以下のとおりです。ここで時刻 t での状態値を n_t とします。

$$n_{t+1} = \begin{cases} \dfrac{a_t}{k_1} + \dfrac{b_t}{k_2} & \text{健康}：n_t = 0 \text{ のとき} \\ \dfrac{s_t}{a_t + b_t + 1} + g & \text{感染}：1 < n_t < n-1 \text{ のとき} \\ 0 & \text{病気}：n \leq n_t \text{ のとき} \end{cases} \quad (2.8)$$

ただし、a_t は隣接する感染したセル数、b_t は隣接する病気のセル数、s_t は隣接す

[*8] この現象は茨城県立高等学校の数理科学同好会の女子生徒らによる発見であり、その後 *Journal of Physical Chemistry A* などの国際学術論文誌に掲載され話題になった [17]。

$s = 1+1+1+2+3 = 8$
$a = 3$
$b = 1$

■ 図 2.14：BZ 反応のための CA モデル

るセルと自分自身のセルの状態 n_t の合計です。**図 2.14** に 8 近傍（ムーア近傍）の場合の計算例を示します（$n = 3$ とした）。また、k_1、k_2、g は BZ 反応の進行を決める定数です。

BZ 反応の実験結果を**図 2.15** に示します。ここでは、初期状態を 0、$k_1 = 3$、$k_2 = 5$、$n = 1,000$ とし、g を 10、5、2.5 としてシミュレーションしています。g が大きくなるほど病気のセル（赤）は少なくなり、感染状態（黒、濃いほど値が大きい）のセルが多くなっています（白は健康状態のセルである）。さらに、g が大きいと定常的なパターンが生じやすくなります。

(a) $g = 10$　　　　(b) $g = 5$　　　　(c) $g = 2.5$

■ 図 2.15：BZ 反応（口絵参照）

次に BZ 反応の時間変化を見てみましょう。ここでは、$k_1 = 2$、$k_2 = 3$、$n = 200$ とします。g 値は 30、70 の 2 通りをとり、近傍としてはムーア近傍とチェスのナイトの動き（八つ）の 2 種類を考えます。**図 2.16〜図 2.19** には、各パラメータにおける反応のスナップショットと病気・健康なセル数の変遷を示しています。セルの色は、健康な場合は緑、病気の場合は赤、感染状態は青で値が大きくなるほど明るくなります。ムーア近傍で $g = 30$ にすると、図 2.16 のス

ナップショットにある二つの状態が交互に繰り返されて振動します。$g = 70$ にすると、**図 2.17** の左の状態から右の状態に次第に落ち着いていきます。このとき、渦模様が生じて時間が経つにつれて全体に波及します。セル数のプロットを見ると、細かい振動に加えて大きい波もあり、この CA が複数の時定数を持つことを示唆しています。ナイトの近傍を利用して、$g = 30$ で実験してみると、先のムーア近傍と同じような振動現象が見られました（**図 2.18**）。一方、$g = 70$ とすると、収束せずに同じようなパターンの変化が続きました（**図 2.19**）。

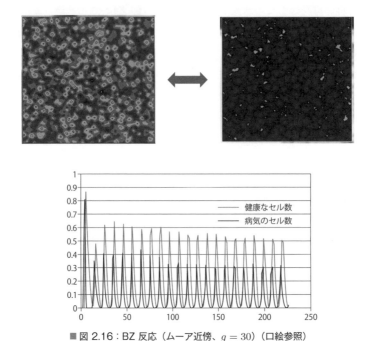

■ 図 2.16：BZ 反応（ムーア近傍、$g = 30$）（口絵参照）

また、生化学反応は反応容器中にホコリやゴミなどが入るとその振る舞いが異なります。その過程をシミュレートしてみました（**図 2.20**）。(a) は障害物がないときの様子です。パラメータは $k_1 = 1$、$k_2 = 1$、$g = 10$、$n = 50$ としています。(b) は左上に点の障害物を置いたときを示しています。この点を一つ置くだけで、渦の中心が二つ増えています。(c) では反応容器の形を変え、穴を真ん中に空けています。このとき新しい渦はできていませんが、障害物の境界に沿って回折現象が起こっています。

2.4 チューリングのモデルと形態形成：魚のパターンはなぜ変わる？

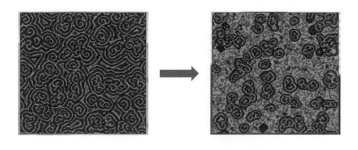

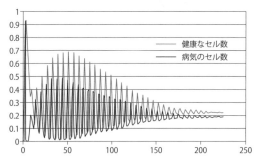

■ 図 2.17：BZ 反応（ムーア近傍、$g = 70$）（口絵参照）

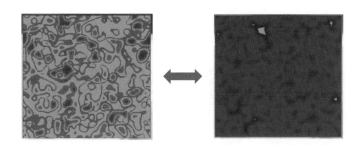

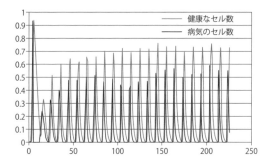

■ 図 2.18：BZ 反応（ナイト近傍、$g = 30$）（口絵参照）

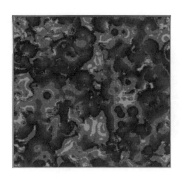

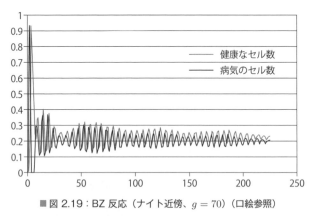

■ 図 2.19：BZ 反応（ナイト近傍、$g = 70$）（口絵参照）

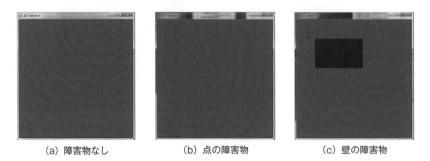

(a) 障害物なし　　　(b) 点の障害物　　　(c) 壁の障害物

■ 図 2.20：BZ 反応（障害物のあるとき）

2.5 マレイの理論:なぜ斑点模様のヘビが存在しないのか?

これまでの実験と関連する興味深い応用例として、哺乳類の外皮の紋様に関するマレイの理論 **[126, 127]** を紹介しましょう。

この理論では、二つの数値パラメータを変えることで、自然界に見られる動物の毛皮模様を再現できます。模様が斑点になるか縞になるかは、皮膚の中の化学反応のタイミングによります。したがって、動物の毛皮模様の違いは、純粋に数学的な規則の結果として考えることができます(以下の記述は文献 **[49, 40]** をもとにしている)。

皮膚の面積が非常に小さかったり大きかったりすると模様は一切出ません。一方で、広さが大きすぎず小さすぎず、形が長かったり細かったりすると、その形の長径に直交するような縞が現れます。その例がシマウマです。この動物では、妊娠初期に4週間にわたって胎児が長い鉛筆のような形をしています。この時期に化学反応が起こるので縞模様となると考えられます。それに対して全体が正方形に近いときには斑点が出ます。この例はヒョウです。この動物では、胎児がかなり丸いときに化学反応が起こるので斑点ができるのです。ただし尾は異なります。胎児の成長の間、尾は長い鉛筆の形なので縞模様となるのです。

マレイの理論から、以下のような定理を予測として導くことができます。

定理 2.1 **ヘビの定理** (図 **2.21** 参照)

ヘビは常に縞模様(輪)であって、斑点模様はない。

定理 2.2 **胴体と尾の定理** (図 **2.22** 参照)

縞模様の胴体で斑点の尾の動物はいない。一方、斑点の胴体で縞模様の尾の動物はいる。

皮肉なことにこの創発現象は進化論的には説明できません。一方、マレイの理論によると、

第 2 章　創発する複雑系

ミルクヘビ

ヘビのぬいぐるみ

ズグロニシキヘビ

オーストラリアの動物園で売られていたコップ

■ 図 2.21：ヘビの定理

ジャガー

アムール・トラ

シマウマとキリン

ユキヒョウ

■ 図 2.22：胴体と尾の定理

- 多くの動物の胚は丸い胴体と細い尻尾から成っている。
- 尻尾が丸くて胴体が細い胎児は存在しない。

という事実からこれらの定理を証明することができます。尾の直径が小さいほど縞模様が不安定になる可能性が低く、その不安定性はより直径の大きい胴体ほど高くなります[*9]。

これまでチューリング・モデルやマレイの法則など、形態形成の創発現象についての理論的研究を説明してきました。このような研究について、よく聞かれる批判の一つは、「たまたまあるパラメータを選んだら実際の生物と同じ振る舞いができたにすぎないのではないか」というものです。つまり、多くの研究ではパターン形成の十分条件（現象を起こす可能性）の一つが定められたにすぎません。一方で、生物学においてより重要なのは必要条件（この機構が働かなければならない）であるとされます [69]。

このような両方向性を持つ研究が今後期待されていて、最近ではいくつかの興味深い成果も得られています。たとえば、魚類の網膜では異なる周波数の光に対応する錐体細胞（光受容細胞）はモザイク状の規則正しいパターンを形成しています。ゼブラフィッシュの網膜上では、青色、赤色、緑色、紫外線の各波長の光に感度のピークを有する4種類の錐体細胞から成るパターンがあります。望月らは細胞が接着力に基づいた再配列を行うと仮定し、細胞の配置を格子空間上で考えるCAモデルを提案しました [125]。そして、ゼブラフィッシュの配列が形成されるための細胞間接着力の必要条件を数学的に導出しました。さらに細胞間に働く相互作用を予測し、実際の生物での検証も行われています。

また、チューリング・モデルに従う化学反応系が現実に存在することも確かめられています。これは反応拡散波の化学的作製の成功が契機となっています。その一例として、マウスの皮膚上に動く波が観察されています。このことは、チューリングの波が魚類だけでなく、より広く脊椎動物の皮膚模様形成の基本原理として働いていることを示唆しています [33]。

[*9] ただし、これまでの筆者の観測によれば定理を否定する反例もあるようだ。その場合どのような原因が法則を破っているのかを考えると興味深いだろう。

第3章

待ち渋滞と認知の錯誤

あとから来る電車は永久にないかのように争って乗り込むのである。
しかしこういう場合にはほとんどきまったように、
第二第三の電車が、時間にしてわずかに数十秒長くて二分以内の間隔をおいて、
すぐあとから続いて来る。
（寺田寅彦「電車の混雑について」[51]）

3.1 待ちの発生

冒頭で述べたような同じ経験（バスはなかなか来ないが、やっと来たと思ったら2、3台続いて来た）をした読者は多いでしょう。このような現象は待ち行列としてモデル化され、さまざまなシステムの設計に利用されています。

では、待ちはどのようなときに発生するのでしょうか？ここでランダムに到着する客（最もでたらめな客）をモデル化してみましょう（図3.1）。でたらめ（偶然性）を代表するものとしてはサイコロやルーレットがあります。たとえばサイコロの「でたらめさ」には次の三つの要素が含まれます。

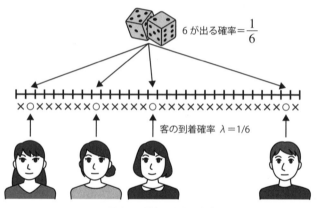

■図 3.1：最もでたらめな客

独立性	次に出る目は今までに出た目によらない。過去によらない。
定常性	目の出る確率は時間によらない。サイコロは摩耗しない。
二値性	出る目は1から6までの6通りであり、その中間の値はとらない。

このうち独立性は無記憶性とも言われます。

最もでたらめな客をサイコロの類推から考えてみると次のようになります。

独立性 単位時間に客の来る確率は平均して同じである。
定常性 ある時間内に到着する確率はその時間がいつ始まるかによらない。

希少性 微小時間内に 2 人来ることはない（確率は 0）。

二値性が希少性に置き換えられています。

サイコロを n 回振って 1 が k 回出る確率は、よく知られているように、

$$_nC_k \left(\frac{1}{6}\right)^k \left(1 - \frac{1}{6}\right)^{n-k} \tag{3.1}$$

となります。このようにある事象が確率 p で生起し、$1-p$ で生起しないような実験を独立に繰り返すことをベルヌーイ試行と呼び、n 回繰り返して k 回事象が生起する確率は、

$$_nC_k p^k (1-p)^{n-k} \tag{3.2}$$

です。ランダムなお客の到着も独立した試行（Δt 時間内に客が到着するか、しないかの判定）と考えると、全時間 t 内に k 人来る確率は、n 回の試行中で k 回の事象が生起するベルヌーイ試行の確率となります。ただし、各間隔で客が到着する確率 p は、

$$p = \lambda \cdot \Delta t = \lambda \cdot \frac{t}{n} \tag{3.3}$$

であり、λ は平均到着率と呼ばれます。

> **定義 3.1** 単位時間内に到着する人数を平均到着率 λ といい、その単位は人数／時間である。

ここで n の値を十分に大きくすると、t 時間に到着する人数が k 人である確率が、λt のポアソン分布となります[*1]。

[*1] 本節の数学的な詳細はシステム工学の教科書（文献 **[6]** など）を参照されたい。

第3章 待ち渋滞と認知の錯誤

> **定理 3.1** 平均到着率が λ（人／時間）の（単位時間当たりの）到着人数 N の離散確率分布は、ポアソン分布
> $$P(N = k) = \frac{\lambda^k}{k!} e^{-\lambda} \tag{3.4}$$
> で表される。

したがって、最もランダムな客の到着人数はポアソン分布となり、これをポアソン到着と呼びます。

図 3.2 にはポアソン分布の例を示しています。ポアソン分布には、

- 平均値と分散値は等しい（λ）
- 平均値が大きくなるにつれ
    - 分布は対称になる
    - 正規分布に近づく

という特徴があります。この分布に基づく確率過程は連続的なランダム事象をモデル化したもので、ポアソン過程と呼ばれます。

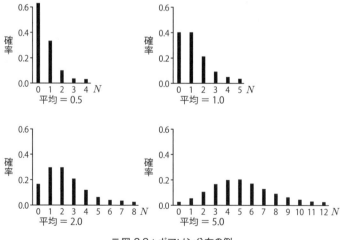

■ 図 3.2：ポアソン分布の例

また、ある客が来てから次に別の客が来るまでの時間（到着時間間隔）の密度分布は平均 $1/\lambda$ の指数分布となります。

> **定理 3.2** 平均到着時間が $1/\lambda$（時間／人）の到着時間分布は、指数分布
> $$f(t) = \lambda e^{-\lambda t} \tag{3.5}$$
> で表される。

図 3.3 に指数分布の例を示します。指数分布には平均値と標準偏差がともに $1/\lambda$ で等しいという特徴があります。また 66 頁で述べた無記憶性を示すことも重要です[*2]。

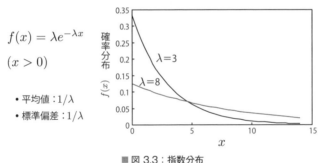

■ 図 3.3：指数分布

到着時間間隔が指数分布であることは、「来るときは続いて来て、来ないときはなかなか来ない」という状況にうまく合っています。つまり、客が来て次に来るまでの時間は小さいほど指数的に多くなっています。次節ではこの分布に関連する人間の認知錯誤について説明します。

ポアソン分布はまれな事象が起こる回数の確率を計算する簡単な方法としてよく使われます。そのため、病気、戦争、災害の見積もりなどによく用いられます。

[*2] 指数分布に従う確率変数 X は以下を満たす（ただし $s, t \geq 0$）。
$$P(X > s+t \mid X > s) = P(X > t) \tag{3.6}$$

たとえば予防接種の問題を考えてみましょう [73]。

> - インフルエンザに 100 人中 1 人がかかるとする。
> - 予防接種を受けた 100 人がインフルエンザにかからなかったとする。
> - 予防接種は効果があったのか？

100 人のうちインフルエンザにかかる人数 N がランダムであり、ポアソン分布に従うと仮定しましょう。このとき式 (3.4) で平均 $\lambda = 1.0$ となり、一人もかからない確率は、

$$P(N=0) = \frac{\lambda^0}{0!}e^{-\lambda} = \frac{(1.0)^0}{0!}e^{-1.0} = 0.37 \tag{3.7}$$

です。つまり、37% の確率で 1 人もかからないことになるので、予防接種は有効であるとは言えません。

一方、同じ仮定で予防接種を受けた 1,000 人がインフルエンザにかからなかったとしましょう。このときには、平均 $\lambda = 10.0$ となり、1 人もかからない確率は、

$$P(N=0) = \frac{\lambda^0}{0!}e^{-\lambda} = \frac{(10.0)^0}{0!}e^{-10.0} = 0.000045 \tag{3.8}$$

です。つまり、一人もかからないことはほとんどあり得ないことから、予防接種の有効性が結論付けられます。

この方法の優れている点は、集団サイズや確率がわかっていなくてもいいことです。平均値のみわかっていれば、式 (3.4) で確率を計算することができます。

3.2 ポアソン分布と偏りの認知錯誤

身近な確率の問題として、以下のものを考えてください。

> あなたの住んでいる町では一年中いつでも落雷の可能性があるとする。その頻度は月に1回程度とする。つまり一日当たり落雷する確率は約 0.03 である。さて、今日の月曜日にあなたの町に雷が落ちた。では、**次に落雷がある**可能性が最も高いのは次のどれか？ 理由をつけて答えよ。
>
> (a) 明日の火曜日
> (b) 一ヵ月後
> (c) どの日も確率は変わらない
> (d) 上のどれでもない（具体的に答えを書くこと）

これは前節で説明したポアソン過程の典型例です。

この問題に対しての回答の集計を**表 3-1** に示します[*3]。驚くことに、主に理系の大学生が対象であるにもかかわらず正解（a）は 17% 前後であり、（c）のどの日も同確率という回答を選んだ学生が最も多くなりました。

■ 表 3-1：正解率の比較

	頻度	落雷の確率（回答）
正解	16.5%	（明日の火曜日）
不正解	67.4%	（どの日も確率は変わらない）
	11.6%	（一ヵ月後）
	2.0%	（その他）

正解が (a)「明日」である理由は以下のとおりです。次の落雷が明日（火曜日）である確率は 0.03 です。一方、次の落雷が明後日（水曜日）となる確率は、まず水曜日に雷が落ち、かつ明日の火曜日に雷が落ちないときなので、$0.03 \times 0.97 = 0.0291$ です。同じように次の落雷が木曜日となる確率は、$0.03 \times 0.97 \times 0.97 = 0.0282$ です。このように、一日過ぎるごとに確率は（指数関数的に）下がっていきます。しかしながらこれを正しく理解する人は多くありません。「次に」の文字を

[*3] 筆者の大学の講義「人工知能」でのアンケート調査。学部3年生向け、毎年100人程度が受講。受講者は工学部を中心に、文学部、法学部、医学部の学生も含む。

見落とさないようにわざわざフォントを変えて下線を引いているにもかかわらず、「どの日の確率も同じ」という回答が多くなるのです。中には正解（a）でしたが、「悪い天候は連続して現れそうだから」と誤った理由で回答している学生もいました。雷と同じような例として、ハリケーンの例があります。100年に一度のハリケーンは頻度が重要ではありません。2004年から2年連続でフロリダをこのクラスのハリケーンが襲うことで、甚大な被害をもたらしました。その結果、保険会社（Poe Financial Group）は10年分の余剰金を失って破綻しました [64]。

進化心理学者のスティーブン・ピンカー[*4]はインターネットを通じた実験により、落雷の問題への正解者が100人中5人であったと報告しています [62]。

前節で述べたように、ポアソン過程での事象と事象の間隔は指数関数的に分布します [6]。短い間隔は数多くありますが、長い間隔は少なくなります。冒頭の寺田寅彦の随筆「電車の混雑について」[51]の現象もこの過程から説明できます。つまりランダムに起きる事象はクラスタを成しているように見えます。

ところが、人間はこの確率法則をなかなか理解できません。この認知的な錯覚を最初に指摘したのは、数学者のウィリアム・フェラーと言われています。フェラーは偏りの錯誤の例として、第二次世界大戦中のロンドン爆撃を例として挙げています [62]。ロンドン市民は、ドイツのV2ロケットがある地区を何度も被弾している一方で、他の地区には全く被害がないことを感じていました。そのことから、ドイツ軍にはある特定地区を狙い撃ちする能力があると信じ込みました。

図3.4はロンドン中心部に落ちた67発のV2ロケットの被弾箇所を示しています [29]。これを見ると確かに右上、左下は被害が小さいのに対して、左上、右下は被害が大きくなっています。このことから市内のある地域は安全なのか、爆弾の着弾地点は塊を成すのか、ということが疑問になります。つまり、ロンドン全体にでたらめに分布してはいないのでしょうか？ この問題を解決するには統計的検定をするのが最良ですが、それに頼らずにポアソン分布と比較することもできます。ここでロンドン南部の $144\,\mathrm{km}^2$ を、4分の $1\,\mathrm{km}^2$ のマス目576（$= 24 \times 24$）個に分割します。そして、期間内に落ちた爆弾数別に区画を分類すると表3-2のようになります（合計537発）。この表では、着弾数別の区画数の

[*4] Steven Arthur Pinker（1954-）：アメリカの認知心理学者。ハーバード大学・心理学教授。『言語を生み出す本能』、『心の仕組み』、『人間の本性を考える』など数多くの科学書を執筆している。

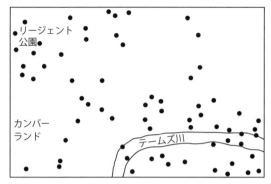

■ 図 3.4：ロンドンに落ちたロケットの着弾箇所

■ 表 3-2：着弾数別の区画数の期待値（ポアソン分布）と実測値

着弾数	期待値	実測値
0	226.74	229
1	211.39	211
2	98.54	93
3	30.62	35
4	7.14	7
5 以上	1.57	1
合計値	576.00	576

期待値（平均 $\lambda = \frac{537}{576}$ のポアソン分布に基づくもの）と実測値を示します。期待値と実測値の列を比較すると、極めて一致していることがわかります。つまり、このデータの分布はポアソン分布と一致しており、爆弾はランダムに落とされたいたのです [98]。

スティーブン・ジェイ・グールド[*5]が指摘した興味深い例を紹介しましょう [30]。人類は古代から星の並びに興味を持ち、星座の名を付けたり、時には星の塊に不思議な力を感じます。果たして星の並びはランダムなのでしょうか、それとも何かの意図があるのでしょうか？

ここで図 3.5 と図 3.6 を見てください。このうち一方はランダムなシミュレー

[*5] Stephen Jay Gould (1941-2002)。アメリカの古生物学者であり進化生物学者。進化過程の断続平衡説（127 頁参照）を唱えた。アメリカの科学雑誌『ナチュラル・ヒストリー』誌に毎月エッセイを書き、それをまとめた多数の著書はベストセラーとなっている。同じ進化論の研究者でありながら、リチャード・ドーキンス（122 頁参照）とは論敵であった。

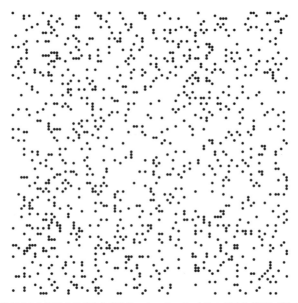
■図 3.5：2 次元上の点の生成シミュレーション（1）：どちらがランダムか？

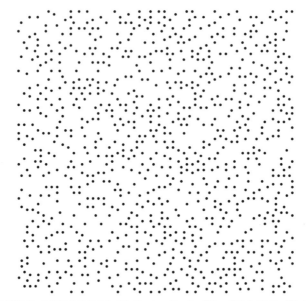
■図 3.6：2 次元上の点の生成シミュレーション（2）：どちらがランダムか？

ションで生成した図です。どちらが星の並びに見えるでしょうか？

おそらく図 3.5 は星の並びであり、図 3.6 はランダムであると感じることが多いと思います。ところが実際は逆です。ポアソン分布によりランダムに生成したのが図 3.5 です（100 × 100 のマス目に 1,100 個の点を生成）。一方、図 3.6 は光蟲（ヒカリムシ）をモデル化して、それぞれの縄張りを考慮して各点が近くならないように注意して配置したものです。

このように、ランダムなモデルには何らかの規則を見る一方で、人工的なモデルにはランダムさを感じるという認識の錯誤が人間にはあります。

言い換えると、人間はポアソン分布のランダム性をなかなか理解できずに、ランダムな事象がクラスタや規則性を成しているように勘違いします。均等に間隔を空けるには、ランダムでない過程が必要になります。そのため表 3-1 で見たような間違いを犯すことになります。このことは真の人間の知能（強い人工知能）は実現できないという批判にもつながります [11]。現在の人工知能・機械学習の主な技術が確率的推論や統計に強く依存しているからです。第 6 章で説明するように、ダニエル・カーネマンとエイモス・トベルスキーはこのような人間の認知錯誤に対して以下の二つの考え方を提唱しました。

- 代表性ヒューリスティクス：典型例と類似している事項の確率を過大評価しやすい。
- 少数の法則：統計学では試行回数を大きくするほど理論値に近づくという大数の法則が成り立つが、人間は少ない試行回数でも理論値に近くなると思いやすく、心理的バイアスをかける。

代表性ヒューリスティクスとしてギャンブラーの誤謬を考えてみます。公平なサイコロを 7 回振ったとき、1111111 と 5462135 のどちらが出やすいでしょうか？ 確率的に考えるとどちらも同じです（66 頁の「無記憶性」参照）。しかし 5462135 のように数字が並ぶとランダムの代表例と考えてしまうのです[*6]。一方、ベイズの法則 [13] ではこの誤謬を正当化することもできます。それは、

[*6] ただしこれを次のような問いにすると答えが変わってくる。「私は昨日サイコロを 7 回振りました。そのときの数字がこの紙に書いてあります。それはどちらでしょうか？」また、1111111 が出るまでにサイコロを振る回数の期待値は $6^7 + 6^6 + \cdots + 6$ であるのに対して、5462135 の期待値は $6^7 + 6$ である [15]、この回数の違いが誤謬の原因とも考えられる。

1111111では1が出やすい（いかさまサイコロである）という事前確率を強めることによります。5462135ではそのような意外性はありません。

このように考えると、宝くじの当選が同じ売り場で続いているような報道や、音楽プレイヤのランダム再生が同じ曲となりやすく感じる[*7]のも納得いくような気がします。

3.3 待ちの制御：行列のできるラーメン屋のスケジューリング

客の流れによって待ち行列は以下のように形成されます（**図 3.7** 参照）。

1. 到着分布に従って客が来ると、早い者順に空いている窓口に入ってサービスを受ける（図 3.7 (a)）。
2. 客が次々に来ると、やがて窓口が満杯になる（図 3.7 (b)）。
3. 次に来た客は窓口に入れないので、待ち行列をつくって待つ（図 3.7 (c)）。
4. 客が次々と来ると、待ち行列が延びていく。
5. サービスを終えた客があると窓口を出て去っていく（図 3.7 (d)）。
6. 待ち行列の先頭の客から（早い者順に）、空いた窓口に入ってサービスを受ける（図 3.7 (e)）。
7. 以上の過程を繰り返す。

このように待ち行列を構成する基本的な要素には、

- 窓口数
- 客の到着分布
- サービス時間分布

があります。

[*7] 2015年2月ネット上の音楽配信サービスSpotifyがシャッフル再生の選曲に偏りが見られるという疑いで告発された。http://www.dailymail.co.uk/sciencetech/article-2960934/Is-music-player-really-random-Spotify-says-users-convinced-strange-patterns-shuffle-playlists.html

3.3 待ちの制御：行列のできるラーメン屋のスケジューリング

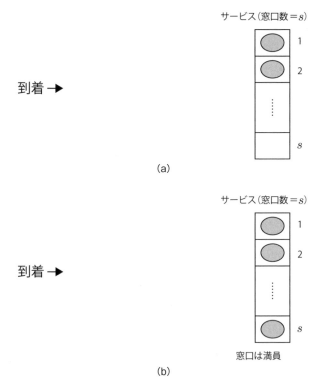

■ 図 3.7 (1)：待ち行列と系内数

　よく用いられるのは、最もランダムな到着（ポアソン到着）に従って客が到着し、サービス時間の分布も指数分布（つまり客が出ていく人数がポアソン分布）の場合です。

　このようにモデル化すると、ある条件下では解析的に待ち行列の現象を解くことができます。これはシステムの安定した条件を見る平衡状態（定常分布）の導出に基づきます。それを利用して、システムの設計者が待ち行列を制御することが可能になります。多くの待ち行列モデルは解析的に解けないため、待ち行列のシミュレータ[*8]が用いられます。たとえば、行列のできるラーメン屋の経営戦略を人件費と客の動向などをもとに設計することもできます。

　さらに、スケジューリング理論を用いて、待ち行列をより効率的に処理するこ

[*8] 筆者の講義で使用する待ち行列シミュレータはウェブサイト（http://www.iba.t.u-tokyo.ac.jp/iba/SE/mimura/howto/HowTo.html）から入手できる。

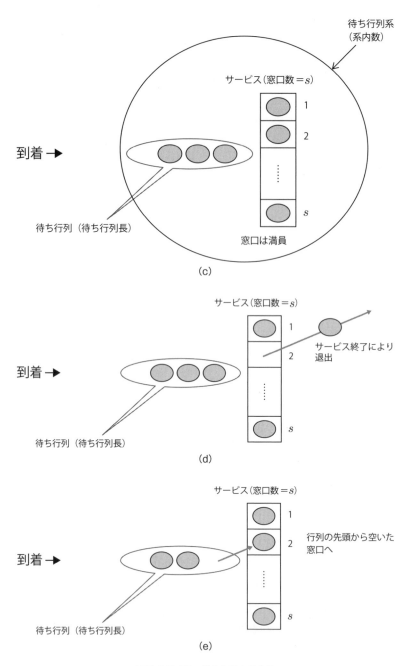

■ 図 3.7（2）：待ち行列と系内数

とも考えられます。待ち行列の中にたまったジョブを一つずつこなしていくことを考えましょう。つまり、実行しなくてはならないジョブ（タスク）が複数与えられた場合に、1人（あるいは一つのCPU）がどういう順で仕事をするのかを決める問題です。

このときには、ジョブの割付の優先規則（ディスパッチング・ルール）が重要になります。この規則により競合（コンフリクト）の起こったときの解消方法を指定します。競合とは実行可能な複数のジョブが同時に仕事開始を要求する（競合する）ことを意味します。代表的なディスパッチングルールには次のようなものがあります **[68]**。

- SPT（shortest processing time）
  処理時間が最小の仕事を選ぶ。平均納期遅れを小さくするが、納期遅れの大きな仕事も出る。
- EDD（earliest due date）
  納期に最も近い仕事を選ぶ。納期遅れに関する評価尺度に対して有効。
- SLACK（SLACK time）
  スラック時間（= 納期 − 現在時刻 − 残り処理時間）が最小の仕事を選ぶ。納期遅れに関する評価尺度に対して有効。
- RANDOM
  ランダムにタスクを実行する。一見すると非効率的だが、ある程度の性能が保証される。
- FIFO（first in first out）
  中立的なルール。RANDOMと同様の性格だが、RANDOMよりも結果にばらつきがない。

どのような優先規則を採用するかがスケジューリングの性能を左右します。スケジューリングの難しさは、

- 各タスクの到着のランダム性
- 各タスクの処理時間のランダム性

にあります。

筆者は大学で教鞭をとり多くの学生を指導していますが、彼らは常に難易度と締め切りが異なるさまざまなレポートを複数抱えています。また課題がいつ出されるかあらかじめわからない場合もあります（ポアソン到着）。適切にレポート課題を処理していかないと、提出すべきレポートの待ち行列が長くなり、いつかはレポートを提出しきれずに破綻します。予想されるように、多くの学生はEDD戦略をとります。しかしこの戦略は必ずしも優れていません。SLACK戦略が比較的効率が良いようです。ただしこのためには「推定処理時間」を正しく見積もる必要があります。スケジューリングのヒューリスティクスに、「すぐにやれ（100%でなくてもよいので拙速を旨とせよ）」というのがあります**[54]**。これは、課題が与えられたら締め切りにかかわらず、まず少しでもやってみることの大切さを物語っています。すると処理時間をあらかじめ見積もることができます。それによりSLACK戦略をとるなり、より大局的なスケジューリングを利用することができます。

　このことを検証するために10学期分のシミュレーション[*9]を行い、学生のまじめさ（一日当たりレポートに費やす時間の違い）と各戦略での成績（取得単位数や総合得点）を比較してみました。その結果を見ると、怠慢な学生にとってはどのようなことをしても効果的なスケジューリングは難しく、SPTにより課題を消化する方が悪い中でもベストとなります（**図 3.8** (a)）。少し頑張って不可を取るくらいなら、最初からあきらめて他の科目を優先した方が効率的に成績を取れます。また、優秀な学生にとってもディスパッチング・ルールによる差は大きくなりません（図 3.8 (c)）。自分なりの方法で毎日コツコツと勉強していればしっかり成績を取ることができるのです。これもある意味当然かもしれません。

　一方、大多数の平均的学生にとっては効率的なスケジューリングが意味を持ってきます（図 3.8 (b)）。SLACK戦略が比較的良いことがわかります。ただし、SLACKでは極端に重い課題が紛れこんでいる場合には最適な戦略ではなくなります。重い課題では、スラック時間＝（納期）－（現在時刻）－（残りの処理時間）のうちの（残りの処理時間）の項が大きくなり、他の課題がおろそかになってしまうからです。そのため、全体の成績が悪くなってしまうことがあります。しかしSLACKでは期日前に課題を提出できる率が高くなります。したがって、

[*9] 某大学・学部2年生の冬学期における講義科目（11科目）のデータに基づくシミュレーション。課題は科目ごとに一定の確率で毎回の授業で出され（ポアソン到着）、締め切りは1週間後の授業時とする。成績評価は課題のみによって行う。

3.3 待ちの制御：行列のできるラーメン屋のスケジューリング

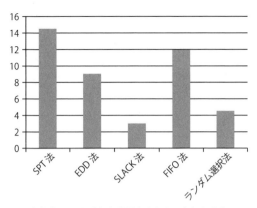

（a）毎日 40 分しか課題をやらない怠慢な学生

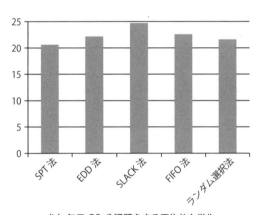

（b）毎日 80 分課題をする平均的な学生

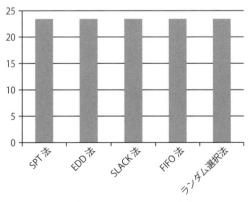

（c）毎日 120 分課題をする学生

■ 図 3.8：単位取得のシミュレーション結果（取得単位数）

他の戦略と比べても比較的負荷に強い戦略になっています。

また、RANDOM のように何も考えないような戦略も有効に機能することがわかりました。興味深いことに、時には SPT や EDD よりも優っていることもあります。人工知能や最適化の分野では、ランダムによる操作がうまくいく場合もあります。たとえば最近ゲームの探索戦略として注目されているモンテカルロ木の UCT アルゴリズム **[10]**（143 頁参照）や乱択アルゴリズム **[45]** などはその典型的な例です。

以上述べたスケジューリングに関して、創発のアプローチが非常に有効であることが示されています。実際 JSSP（ジョブ・ショップ・スケジューリング問題）と呼ばれる NP 完全な問題を合理的な時間で近似的に解決するための進化計算による効率な手法が提案され、さまざまな実際的な問題に応用されています（これらの詳細は文献 **[6]** を参照してください）。

3.4 渋滞のモデルとセルオートマトン

これまで述べてきた待ち行列は、トップダウンにモデルを仮定してシミレーションを行うものでした。しかし、このように扱えない複雑な現象もあります。そこで最近では待ちや渋滞に対する創発によるシミュレーション手法が盛んに利用されています。

42 頁で説明したセルラ・オートマトンの例として、Rule184 を考えてみましょう。これは Burgers セルラ・オートマトン（BCA：Burgers cell automato）として知られています。この CA は **表 3-3** のような推移規則を持っていて、次のような特徴があります。

1. 1 の個数が保存される
2. 初期状態からしばらくは 0-1 パターンに複雑な変化が見られるが、時間が経つと右ずれあるいは左ずれパターンに必ず落ち着く

■ 表 3-3：Rule184

a_t^{i-1}、a_t^i、a_t^{i+1}	111	110	101	100	011	010	001	000
a_{t+1}^i	1	0	1	1	1	0	0	0

a_t^i の値を時刻 t、格子 i に存在する車の台数とします。台数は 1（車がいる）か 0（いない）のどちらかです。格子点 i にいる車は右側が空いているならば次の時刻で右へ進み、空いていないならばその場にとどまります。このように考えると、渋滞の単純なモデルを Rule184 で記述できることがわかります。

また BCA は、

- 信号機付き BCA：各格子点で右への交通量を制限する
- 確率 BCA：確率的に移動する

として拡張され、より詳細な解析がなされています。交通渋滞の CA によるシミュレーションについては次節で詳しく説明します。

図 3.9 に BCA による渋滞シミュレータの様子を示します。一番上の行が現時点での道路状況で、下に行くにつれ時間が経っています。このシミュレータでは車は赤色で表されています。赤色が連続していると、車は前に進めないので渋滞となります。車が進む確率 α が小さい場合、渋滞が発生しやすくなります。(a) では渋滞（幅が 2 格子分以上の黒い帯の部分）が発生して渋滞の先頭から車が抜け出し, 後ろから車が突入する様子が観測されます。(c) では中央に信号機が導入されています。信号のパターンは 1 が青、0 が赤に対応していて、ここでは 110（この場合には青青赤青青赤……というパターン）になります。

交通渋滞モデルのもっと簡単な例として、2 種類の一方通行路が交差する以下のような地図を考えましょう **[20, 21]**。平面上の各格子点を独立に確率 p ($0.0 \leq p \leq 1.0$) で選び出し、その点上に公平なコイン投げにより北向き（上向き）か東向き（右向き）の車を置きます。各車は一斉に「東行き」と「北行き」

(a) $\alpha = 1.0$、信号なし

(b) $\alpha = 0.8$、信号なし

(c) $\alpha = 0.8$、信号 110

■ 図 3.9：BCA による渋滞シミュレーション（口絵参照）

に交互に変わる信号に制御されて動きます。信号が東行きになると、東向きの車はその東隣の格子点が空いていればそこに移動します。その結果、その移動した車が今までいた格子点が空きになるので、その西隣に東向きの車があればそれも移動します。他の車（北向きの車と東隣がブロックされて動けない車）は同じ場所にとどまります。信号が北向きになると、北向きでブロックされていない車が一斉に一つ北隣の格子点に移動します。

実験をしてみると、確率 p が小さければ、各車はやがて全くブロックがなかったように同じ速さで動くようになります。一方、確率 p が大きければ、逆に車は渋滞に巻き込まれ、どの車も有限回動いたあとで永久に動けなくなります（図 3.10 参照）。

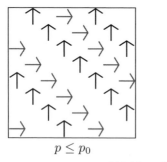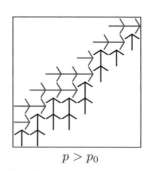

■ 図 3.10：一方通行路の渋滞

確率 p に対して、渋滞となる閾値 p_0 があるかどうかは長い間謎のままでした **[89]**。つまり $p \leq p_0$ なら渋滞せず、$p > p_0$ なら渋滞する閾値 p_0（臨界値、48 頁参照）です。ところが 2005 年、臨界値を超えるときに実際に渋滞となることが証明されました **[94]**。この簡単なモデルでさえ近年になるまで理論的な閾値の存在が知られていなかったことは驚くべきことです。このことが複雑系研究の奥深さを物語っています。

3.5 シリコン交通と渋滞制御

Nagel らは一次元格子を用いて速度のある交通渋滞のモデル化を行いました **[128]**。彼らのモデルでは、各セルは車が通過する場所に相当し、各時間ステッ

プでセルは二つの状態（一台の車の占有か空き地）のいずれかをとります。すべての車はそれぞれ固有の速度（整数値、0 から $v_{\max}$ の値）で移動します。車の速度とセル状態の更新規則は次のようになります。

加速 ある車の速度 v が $v_{\max}$ より小さくて前方の車への距離が $v+1$ よりも大きければ、スピードを 1 単位増やす（$v := v+1$）。

減速 ある場所 i にいる車の前方の車が $i+j$ にあり $j \leq v$ であれば、スピードを $j-1$ に減速する（$v := j-1$）。

乱数 確率 p ですべて車の速度を（0 より大きい場合には）一つ減らす（$v := v-1$）。

移動 すべての車を自分の速度 v に従って移動させる。

このシミュレーションの重要なパラメータは車の密度 ρ です。これは次のように定義されます。

$$\rho = \frac{車の総数}{セルの総数} \tag{3.9}$$

たとえば $v_{\max} = 20$、$\rho = 0.1$ のときの車の動きの一例を**図 3.11** に示します。ただし車は右方向に動き、右端は左端につながっています。一番上の行が現時点での道路状況で、下に行くにつれ時間が経っています（200 ステップまで表示）。この図では車の速度を色の濃淡で表します。実際には速度が大きいほど緑色が濃く、また遅いほど赤色が濃くなるようになっています。赤の塊が渋滞の発生箇所です。黒の部分は車のいないセルを示します。図 3.11 において、中央に生じる速度 0 の車の連なりが渋滞です。この渋滞が時間とともに前進していくのがわかります。

Nagel らはさまざまな実験を行い、臨界値 $\rho = 0.08$ を境として渋滞が質的に変化することを発見しました。ここで渋滞の傾向はすべての車の速度の平均値で見積もれることに注意してください。

このモデルでは、慣性効果として SlowtoStart（SIS）を導入しました。これは、一度停止した車は前が空いて動けるようになっても 1 ステップ待って動き始める、という規則です。SIS は、モデルをより実際に近づけるメタ安定性のために重要とされています **[139]**。SIS を使用すると加速に時間がかかるため、停車す

■ 図 3.11：交通渋滞のシミュレーション（SIS あり）（口絵参照）　　■ 図 3.12：交通渋滞のシミュレーション（SIS なし）（口絵参照）

る車両が増加し渋滞が悪化します（図3.11）。一方、SIS がない場合には乱数による減速がない限り停車列が増加しないので、結果として渋滞は緩和されています（**図 3.12**）。

また交通流モデルとしては ASEP（非対称単純排除過程、Asymmetric Simple Exclusion Process）が最近盛んに研究されています **[53, 135]**。このモデルでは、各セルに存在する車の最大速度を 1 とし、前のセルが空いていたら車は確率 p によって前進します（確率 $1-p$ で止まる）。また新しい車の流入確率を α、流出確率を β とします（つまり右端は左端につながっておらず、車の数は一定ではない）。ASEP モデルのシミュレーションを**図 3.13** に示します。パラメータは $p=0.8$ とし、自由相（a）では $\alpha=0.3$、$\beta=0.9$、衝撃波（b）では $\alpha=0.3$、$\beta=0.3$、最大流量相（c）では $\alpha=0.6$、$\beta=0.6$ としました。このシミュレーションでは、黒い部分が車のあるセル、白い部分は空いているセルとなるように

(a) 自由相　　(b) 衝撃波　　(c) 最大流量相

■ 図 3.13：ASEP モデルのシミュレーション

なっています。またこの図では、一番下の行が現時点での道路状況であり、上に行くにつれ時間が経っています。ASEPモデルでは平衡状態に関してさまざまな数学的解析がなされています **[135]**。

さらにこれらのモデルを応用したシリコン交通のシミュレーションを**図3.14**に示します。このシミュレーションではランダムに2次元上の地図を作成し、車もランダムに配置します。各車に対して、地図上の終端頂点の中から2点をランダムに選び、出発地点と到着地点とします。出発地点から到着地点に至る経路の決定については、ダイクストラ法を用いて経路を求めます。このとき、頂点間距離にエッジごとの車の密度を重み付けしたコスト計算を行って、渋滞を回避する経路を決定します。また信号機の点灯規則としては、一定時間ごとに通行可能エッジを順に選択します。

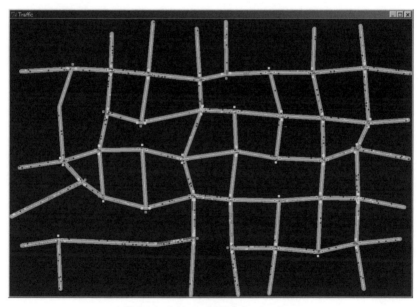

■ 図 3.14：シリコン交通のシミュレーション

3.6 ディズニーランドと高速道路における待ち制御の功罪

最近アメリカでよく見かける高速道路の渋滞対策に、ランプ・メータリング (Ramp Metering) という方法があります。この方法では、高速道路に進入する加速車線の手前に信号機を置いて流入する車を制御します（**図 3.15**）。信号機は赤と青が交互に表示されます。大部分は赤表示で、数秒に一度一瞬だけ青になりその瞬間に 1 台だけの進入が許されます。ランプメータを導入することで渋滞を改善させることがわかっています。実際、ミネソタ州でランプメータを停止させると以下のようになりました **[64]**。

※Federal Highway Administration のウェブサイト
(https://www.fhwa.dot.gov/publications/publicroads/06jul/05.cfm)
から引用

■ 図 3.15：ランプ・メータリング

- ピーク時の通行量は 9% 減少した
- 所要時間は 22% 長くなり、信頼性が薄れた
- 車の速度は 7% 減速した
- 合流の際の衝突事故が 26% 急増した

ところが、ドライバーの主観的な調査によると、必ずしも満足していないことがわかりました。それはランプメータで順番待ちをすると、実際の総所用時間は短くなっているにもかかわらず、待ったおかげで目的地に早く着く気がしないからです。ランプメータで停止するくらいなら、ゆっくりでも車線を走った方がいいということでしょう。つまり、どんな人も待たされるのは嫌であり、自分がコ

ントロールできないと不満を感じてしまうのです。

またディズニーランドでは、待ち行列を効率よく制御するために、以下の二つの手法を導入しています。

- ファストパス：あらかじめアトラクションの近くの発券所に行ってファストパスを取得する。そのファストパスに記載された時間帯に行くと、アトラクションに待たずに入場できる。客にとってはファストパスを使うと人気アトラクションで列に並ぶ時間を減らせるメリットがあり、ディズニーランドにとっては到着時間の分散を減らす効果がある。ある時間帯に発行されるファストパスは一定数である。
- 長めの待ち時間の予想表示：客は長めの予想待ち時間で予定を立てることで、実際には当初予定していた数よりも多くのアトラクションに乗ることができるため、満足度は高くなる[*10]。

実体験によると、ファストパスを使う入場は一般入場に比べて圧倒的に少ないので、合流の際に一般客が抜かされたという不満感はないようです。また、ファストパスの使用回数が限られているので、ファストパス自体の待ち時間に別アトラクションに並んでいることが多くなり、トータルとして見るとアトラクションに乗った回数はどの客も対してもそれほど変わりません。そのため、客の不満も少なく、到着率のばらつきの緩和というメリットは大きいと考えられます。

長めの待ち時間には、実際より短かったとしても、客は不満よりも得した気分になる効果があります。一方で、長すぎに怖気づいて乗りたかったアトラクションをあきらめて帰る客も多いようです。この場合は客から不要な不満を買っていることになります。また、危険な乗り物に対して客の並ぶ意欲を軽減させる効果もあるとされています[*11]。

ディズニーランドやディズニーワールドの待ち時間をできるだけ少なくして、より多くのアトラクションを巡るための行程表を作成する人気のウェブサイトtouringplans.com があります[*12]。このウェブサイトには多くの熱狂的ファンが

[*10] 長めの表示は意図的ではなく、Flick Card による計測誤差のためという説もある。
[*11] https://www.mouseplanet.com/11037/How_Posted_Wait_Times_Compare_To_Your_Actual_Wait_In_Line
[*12] https://touringplans.com/, https://www.wired.com/2012/11/len-testa-math-vacation/

います。たとえば、エドワード・ウォーラーとイペット・ベンデックは、13時間足らずでマジックキングダムの全アトラクションを制覇するという偉業を達成しました。

このウェブサイトでは、待ち行列理論と線形計画法による割り当て問題の解法を組み合わせて、手動で行程表を作成していました。これは 3.3 節で述べたような理論に基づくものです。ツアープランを用いた場合と用いない場合を検証してみると、37% 程度多くのアトラクションを回れたとされています。しかしこのアプローチにも限界が見えてきので、現在では待ち時間を過去のデータや近年の傾向から推定し、さらに巡回セールスマン問題[*13]を進化計算で解法する手法が使われています。これにより、従来よりも約 90 分間の時間削減に成功しました。当然ながら、ツアープラン作成には良いデータの収集も不可欠です。実際、6 年以上にわたって調査員をテーマパークに配置し予想待ち時間などのデータを収集しています。さらにこのデータ収集には touringplans の会員自身も数多く参加しています。

本節で説明した例は、単に工学的な最適基準で待ち行列を制御することの限界を示唆しています。人間の感性を取り入れたより柔軟なモデルが必要となるでしょう。そのようなモデルのための認知理論を第 6 章で紹介します。

3.7 統計はときには嘘をつく

3.2 節では、人間がポアソン過程を認知錯誤しやすいことを説明しました。この他にも統計でだまされることがあります。統計は便利な道具ですが、ときには嘘をつくのです。実際には、統計の専門家において意見の一致が見られていない手法や概念もあります [38]。さらに、一流の研究論文誌ですら、統計の使い方を誤っている事例も少なくありません [82]。

現在の AI 手法や機械学習は主に統計を用いた推論に基づいています。しかしながら、ほとんどの手法は相関関係のみを考えていて因果関係の推定が困難で

---

*13 Travelling Salesman Problem (TSP):地図上に配置された何ヵ所かの都市があるとき、すべての都市をちょうど一度ずつ経由してもとに戻る閉路(ハミルトン閉路と呼ばれる)のうち長さが最小のものを求める問題。NP 完全問題の典型として知られ、回路配線や配送などへの応用例も多い。詳細は文献 [12] を参照されたい。

す。また因果関係の推定には膨大な計算負荷を伴います **[41]**。このことからベイズ推定や統計的推論に基づく手法では真の人工知能は実現できないという批判もあります。

本節では相関関係と因果関係の誤謬(ごびゅう)について説明しましょう。

まずは統計で嘘をつく方法について見てみましょう。この方法には、

- 偽の相関（疑似相関）
- 第3の要因
- 因果関係と相関関係の混同

の3通りがあります。

ここで、まず相関係数を復習しておきましょう。n 組のデータ $(x_1, y_1), \ldots, (x_n, y_n)$ を考えます。このデータの相関の指標であるピアソンの相関係数 r は以下のように定義されます。

$$\overline{x} = \frac{1}{n}\sum_{i=1}^{n} x_i \qquad x_i \text{ の平均}$$

$$\overline{y} = \frac{1}{n}\sum_{i=1}^{n} y_i \qquad y_i \text{ の平均}$$

$$s_{xx} = \frac{1}{n}\sum_{i=1}^{n}(x_i - \overline{x})^2 \qquad x_i \text{ の分散}$$

$$s_{yy} = \frac{1}{n}\sum_{i=1}^{n}(y_i - \overline{y})^2 \qquad y_i \text{ の分散}$$

$$s_{xy} = \frac{1}{n}\sum_{i=1}^{n}(x_i - \overline{x})(y_i - \overline{y}) \qquad x_i \text{ と } y_i \text{ の共分散}$$

$$r = \frac{s_{xy}}{\sqrt{s_{xx}s_{yy}}} \qquad \text{相関係数}$$

このとき、

$$-1 \leq r \leq 1 \tag{3.10}$$

が成り立ち、r は測定単位に依存しないという特徴があります。

理想的な場合には、

$r = 1 \Longrightarrow$ すべてのデータは右上がりの直線上にある

$r = -1 \Longrightarrow$ すべてのデータは右下がりの直線上にある

となります。さらに r が -1 と 1 の間にあるときの相関の目安としては通常以下のものを利用します（**図 3.16**）。

$0.7 < r < 1.0 \Longrightarrow$ 強い正の相関

$0.3 < r < 0.7 \Longrightarrow$ 弱い正の相関

$-0.3 < r < 0.3 \Longrightarrow$ 無相関

$-0.7 < r < -0.3 \Longrightarrow$ 弱い負の相関

$-1.0 < r < -0.7 \Longrightarrow$ 強い負の相関

なお、相関関係を初めに提唱したのは 19 世紀の科学者・フランシス・ゴルトン[*14]だと言われています。彼はチャールズ・ダーウィンの従兄弟としても有名です。

疑似相関とは、二つのデータは直接関係してないが、背後に存在する誤差や要因のため見かけ上は相関が生じている現象のことです。たとえば、背の高さと知能指数を考えてみましょう。この二つのデータをプロットしてみると、**図 3.17** のように正の相関があるように見えます。しかしこれは明らかにおかしいです。背が高いことが知能の原因ではありません。年齢による第 3 の因子が関与しているのです（**図 3.18**）。このように、疑似相関はしばしば第 3 変数によって引き起こされる相関です。たとえば、上の例では年齢が第 3 変数です（**図 3.19**）。

多くの場合に相関係数は因果関係の根拠として扱われます。しかし、相関関係は必ずしも因果関係を意味しません。共分散は単に二つの測定値が相関するかどうかの指標にすぎず、因果関係の証拠ではないので注意が必要です。共分散構造分析など、複数の共分散を分析して因果関係を検証する手法もありますが、計算量や必要なデータ数が増大します。

一般には、次のことが成立します。

[*14] Francis Galton（1822-1911）：人類学者であり、統計学者。後述する平均への回帰を曲解した、悪名高き優生学を提唱した。

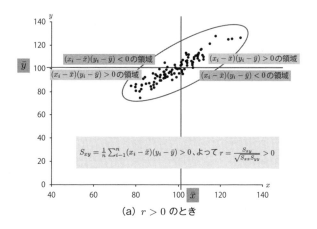

(a) $r > 0$ のとき

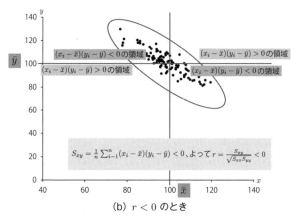

(b) $r < 0$ のとき

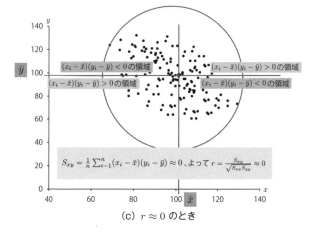

(c) $r \approx 0$ のとき

■ 図 3.16：相関係数 r

第3章 待ち渋滞と認知の錯誤

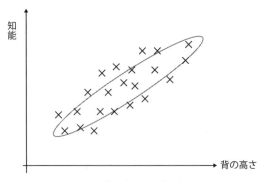

■ 図 3.17：背の高さと知能の相関は？

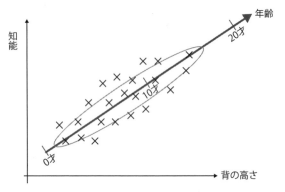

■ 図 3.18：背の高さと知能の相関：第3の因子

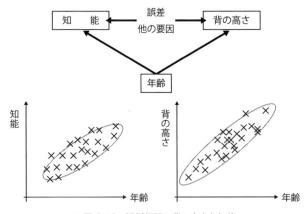

■ 図 3.19：疑似相関：背の高さと知能

- 因果関係がある $\implies$ 相関関係がある
- 相関関係がある $\not\implies$ 因果関係がある

AとBに相関関係があるときには、次の四つのいずれかになります。

1. $A \implies B$ が成り立つ：Aは原因であり、Bは結果である
2. $B \implies A$ が成り立つ：Bは原因であり、Aは結果である
3. $A \iff B$ が成り立つ：AとBはともに原因であり、かつ結果でもある
4. A、Bには何の関係もない：ただの偶然の出来事である

相関関係を因果関係として混同させることで、統計を用いた嘘をつくことができます。有名な例として以下の逸話を紹介しましょう。平均寿命が極めて長い村があります。そこのお年寄りたちはヨーグルトをたくさん食べているそうです。すると、ヨーグルトは長寿にいいと考えられて健康食品としてヒットしたと言われています。たまたまヨーグルト消費量が多いところと高齢者が多いところが重なっているだけかもしれないし、第3の要因（胃腸の働きが良いなど）があるかもしれません。もちろんヨーグルトが健康に寄与することは否定しませんが、相関関係を因果関係とした誤謬により、ヨーグルト神話が生まれました[63]。

このような誤解は多々あります（以下は文献[65]参照）。たとえば次の例はどこがおかしいか、考えてみてください。

- 大きな手を持つ人は読解力に優れている。そのため、手を伸ばす運動を学校に導入すべきである。
- 生まれた順番が遅い子供ほど、学校のテストの成績が芳しくない傾向がある。したがって、生まれた順番で知性が決まる。
- スカンジナビアでコウノトリがよく現れるのは、大家族が住む家の屋根の上である。したがって、コウノトリが赤ん坊を授けることになる。
- 教育委員会が朝食と成績との関係を調べたところ、朝食を摂っているほど成績が良いという結果になった。そこで、成績を向上するために朝食を摂るようにすることを奨励した。

「朝食を摂れば成績が上がる」というのは因果関係の誤謬です。そもそも疑似相関かもしれません。おそらく、普段の生活態度がきちんとしている子供は勉強もしているのでしょう。また、そのほかの例では第 3 の要因による疑似相関が見られます。それらは、成長因子、家の大きさ（大家族の方が屋根の面積が広い）、子供の数（一般に貧しい家庭ほど子供の数が多い）です。子供の数の多い家庭はさまざまな要因から成績が良くないことがあります。一方で、同一家庭では IQ の差がないこともわかっています。

因果関係の誤謬には、笑いごとでは済まされない深刻な例もあります [65]。多発性硬化症の患者は脳に病巣があります。そのため病巣をなくせば病気を克服できると思われていました。病巣の悪化を抑えるインターフェロン β という薬が開発されると、病気の進行を遅らせられると期待されました。ところが 2005 年の研究結果では、インターフェロン β で病巣は減少するものの、病気の進行の改善は見られませんでした。他の症状は同じ程度に進行しました。つまり、因果関係を逆転して誤解していました。病巣は原因ではなく、病気の結果だったのです。インターフェロン β は「ばんそうこう」にすぎず、根本的な治療はできていませんでした。

また、最近興味深い論文が発表されました [105]。ある国のノーベル賞の受賞者の数と、その国のチョコレートの消費量に強い相関があります（**図 3.20**）。このことからチョコレートを食べると頭が良くなるそうです。これは権威ある医学雑誌に発表されたことから、さまざまな媒体で喧伝されました。

図は、人口の割合による国別のノーベル賞受賞者とチョコレートの消費量の相関を示しています。この図を見ると確かに相関がありそうです。論文では、チョコレートが多く含むフラバン-3-オールという分子が脳に望ましい効果を持つとして因果関係を想定しています。しかしこの分析には疑問が残ります。そもそもこの相関に関しては、文化的発展度合いなどの第 3 の因子が考えられます。また、人口の割合で計算していることが統計を歪めています。つまり、アメリカや日本は科学技術では最先端ですが、人口が多いためにノーベル賞受賞者の割合にペナルティがあります。逆にスイスは人口が少ないので割合が多めになっています。そこでノーベル賞受賞者の代わりに、特許出願件数を使ってみましょう（チョコレートの代替としてココアの消費量とする）。すると **図 3.21** に示すように、相関はなくなります。

これまでの例からわかるように、人間はさまざまな事象の相関性を繰り返し観

3.7 統計はときには嘘をつく

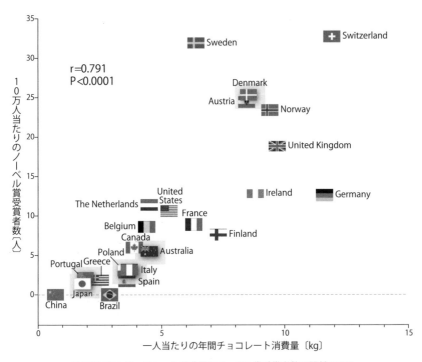

■ 図 3.20：チョコレート消費量とノーベル賞受賞者数の関係 [105]

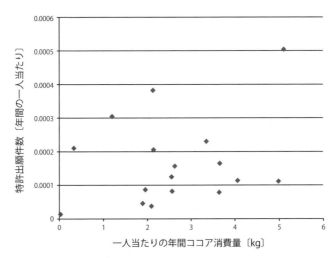

■ 図 3.21：ココア消費量と出願特許数の関係

察することで、物理的な因果関係を推測します。これ自体は悪いことではありません。おそらく進化の過程では因果関係を誤解してでも何らかの推定した方が生き残りに有利だったのでしょう。たとえば多くの実験から、生後6ヵ月の乳児に連続する出来事を見せると因果関係として認識し、出来事の順序を入れ替えると驚くことが確かめられています **[28, 109]**。図 3.22 にあるように、黒の箱が白の箱に近づいていき、接したところで止めます。そのあとすぐに白い箱が動き出して黒い箱から離れます。すると、乳児は黒に押されたと感じてあまり注意を向けず他所を向いてしまいます。つまり、衝突したとは限らないのに、因果関係の錯覚に陥り当然のように感じるのです。一方で、この出来事を逆にした場合、赤ん坊の反応は異なります。予測と違ったのでびっくりして長く見ることが報告されています。したがって人間は生まれたときから因果関係の印象を受けやすくなっているようです[*15]。この印象は原因と結果のパターンから論理的に裏付けられたものではありません。

また、人間は平均への回帰を因果関係で説明するという誤謬も犯しがちです。この現象を最初に発見したのもフランシス・ゴルトン（92 頁参照）だと言われています。平均への回帰パターンはどこにでも見られる現象ですが、「スポーツイラストレイテッドの呪い[*16]」や「2 年目のジンクス[*17]」などの都市伝説が有名です。これには、自信過剰になる、プレッシャーに押しつぶされる、相手が警戒するなどの理由付けがなされています。しかし統計的にはより単純な理由が付きます。活躍したシーズンには幸運が後押ししたのでしょう。しかし次の年の運は平均を下回り、成績が悪くなることが多くなります **[28]**。同じように、臨床試験では、たとえ治療が無効であっても多くの患者が偶然に良くなり、痛み・血圧・不安が低下されることが予想されます。また、3.3 節で述べたような待ち行列の改善の場合も、調査では待ち時間が長いところが選ばれやすいため平均への回帰で待ち時間が短縮することが多くなります。このような場合には、実験において対象群（コントロール群）が必要となってきます **[19]**。

本節では、相関関係と因果関係とその認知的誤謬について説明してきました。

[*15] 同じように、乳児でも簡単な足し算や引き算ができることもわかっている（文献 [11] 参照）。
[*16] アメリカで最も一般的なスポーツ週刊誌・スポーツイラストレイテッドの表紙に登場した選手は翌年には成績不振に陥るという説。
[*17] プロスポーツ界や芸能界で 1 年目に新人王を獲得したり大記録などをつくって大活躍した人物は翌年には不振に陥るという説。

3.7 統計はときには嘘をつく

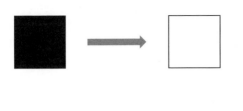

(a) 黒が白に向かっていく

(b) 黒が白に近づいた後……

(c) 白がただちに動き始める

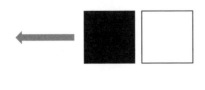

(d) 動きが逆になると……

■ 図 3.22：子供も物理学がわかる？

ゴルトンは、関連について述べるときにその根底にある原因に訴える必要がないと考えていました。このことは進化や創発について考えるときにも重要です。実際にダーウィンは、進歩や進化について語るときに目的に訴える必要がないことを強調しています **[22]**。

第4章

協調と裏切りの創発

妬み、共謀、ペテンが科学者間ではあたりまえと考えるのが昨今の風潮である。
しかし、そういういかがわしい行為がはびこっているように見えるのは、
単純な親切、助け合い、同僚どうしの協同などよりも
不正行為のほうがはるかに目につきやすいからにすぎない。
(スティーブン・ジェイ・グールド [83, p.13])

4.1 裏切りと協調のゲーム

ホンソメワケベラと呼ばれる魚がいます。日本では千葉県以南の海で普通に見られ、全長 10 センチ程度の細長い魚です。この魚は他の魚の寄生虫などを掃除することで有名です。南の海で潜ると、この魚がブダイなどの大型の魚の口や鰓に入り込みクリーニングする姿を容易に観察できます（**図 4.1**）。このとき大型の魚は気持ち良さそうに口を大きく開けて、小さなベラを自由に出入りさせているのが印象的です。大魚は口を閉じてしまえばたやすく餌（ベラ）を得られますが、そのような裏切りは絶対にしません。これは異なる種間の共進化である協調（共生）の一例です。ブダイは寄生虫や食べカスなどの掃除をしてもらい、ホンソメワケベラは貴重な餌を得ています。

（a）ホンソメワケベラがクエの口の中を掃除する。クエは決して食べない

（b）ウツボを掃除するホンソメワケベラ

■ 図 4.1：クリーニングをする魚

ところが最近の研究から、話はそれほど簡単ではないことが明らかになっています。どうやらベラはいつも従順な掃除屋ではないようです。時には掃除中に鰓の一部を食いちぎって逃げるのです。つまり掃除中にちょっと盗み食いをします。確かに観察していると、時々クリーニングされている魚の方が急に体を動かしてベラを追い払うようなそぶりをすることがあります。このときブダイはホンソメワケベラを攻撃的に追いかけたり、泳ぎ去ってしまうなどの罰を与えます。そしてベラは急いで逃げていきます。しかしベラはまた近づいて掃除を始め、ブダイは体を委ねます。罰を与えることにより、ホンソメワケベラの裏切り（ブダイへの噛み付き）を減らす傾向につながるようです。実際に野外観測データによ

り、掃除の依頼魚は寄生虫ではなく自分の体を食べる掃除魚に対して、追いかけたり泳ぎ去ったりして罰を与えます。また実験により、ベラは罰を受けると寄生虫を食べる傾向が高くなるとともに、ブダイへの噛み付きの傾向が低くなりました **[48]**。

さらに複雑なことにホンソメワケベラの真似をする本職の「泥棒」もいます。この魚はニセクロスジギンポと呼ばれるイソギンポの仲間で別の種類です。ただし大きさ、斑紋、色彩ともホンソメワケベラとそっくりです。口の位置がやや下であるのがギンポの特徴だと言われていますが、よほど注意して観察しないと区別はできません。そしてこのギンポは性格の悪いことに、掃除すると見せかけて大魚がクリーニングを許すとヒレや皮膚を食いちぎって逃げてしまいます。

このような魚たちの戦略は裏切りと協調と呼べるでしょう。その戦略はどのように進化したのでしょうか？ホンソメワケベラに擬態したギンポが出現したのは騙される大魚がいるからに他なりません。つまり、ギンポの戦略は正直にクリーニングする魚（ベラ）がいるからこそ有効です。もしもベラの多くが正直さを棄てて「泥棒」するようになれば、ギンポもベラも両方とも大魚に追い払われるでしょう。一方大魚の方から見れば、時には「泥棒」されるものの、大半はまじめに働いてくれる「掃除屋」は少しの犠牲を払っても受け入れる方がいいはずです。これはギンポとベラが外見上区別できないからです。もっとも、ベラの数が少なくなりギンポばかりになってしまえば、話は別になります。このようにベラ、ギンポ、そして掃除をしてもらう大魚の共生関係は微妙なバランスの上に成り立っています。ベラの裏切り（「盗み食い」）は進化の過程の名残りか、あるいは新しい寄生関係の成立かもしれません。

上で述べたような裏切りと協調の関係は、囚人のジレンマと呼ばれるゲーム理論の枠組みでモデル化されています。これは次のようなゲームです。

囚人のジレンマ

ある犯罪に関連して、2人の容疑者AとBが警察にあげられた（**図4.2**）。この2人は共犯であって、犯罪の容疑は極めて濃いが、決定的な証拠に多少欠けるところがある。そこで、確実にするには、自白に頼らざるをえない。AとBのとる手としては、自白する（裏切る、Defect、以下Dと略す）か、自白しない（裏切らない、Cooperate、以下Cと略す）かの二つがある。ともに自白したときには、A、Bともに懲役3年の刑が予想される。ともに自白しなかったときにはどちらも2年の刑である。ところが、一方だけ自白して他方が自白しなかったときには、自白した方は情状酌量されて刑は1年で済むが、自白しなかった方は5年の刑が課せられる。ともに自白しなければ刑は2年で済むが、相手だけが自白すれば自分は一番損をする。そこでA,Bは自白するかどうかでジレンマに陥る。

- 自白しない、協力する　　**C**ooperate
- 自白する、裏切る　　　　**D**efect

■ 図4.2：囚人のジレンマ

Aが自白しないのを A_1、自白するのを A_2 とします。同様に、Bが自白しないのを B_1、自白するのを B_2 とします。するとこのゲームでの損得は**表4-1**のようになります（これを損得表または利得表と呼ぶ）。この損得を考察するのに、

■ 表 4-1：囚人のジレンマの損得

(a) A から見た損得表

	B_1 B が自白しない (C)	B_2 B が自白する (D)
A_1 A が自白しない (C)	-2 懲役 2 年	-5 懲役 5 年
A_2 A が自白する (D)	-1 懲役 1 年	-3 懲役 3 年

(b) B から見た損得表

	B_1 B が自白しない (C)	B_2 B が自白する (D)
A_1 A が自白しない (C)	-2 懲役 2 年	-1 懲役 1 年
A_2 A が自白する (D)	-5 懲役 5 年	-3 懲役 3 年

「均衡点」というゲーム理論の考え方を利用します。均衡点は次のように定義されます[*1]。

> **定義 4.1 均衡点**
>
> 相手がその戦略をとるとき、自分もそれをとらないと必ず損をするような戦略を均衡点と呼ぶ

[*1] 二人のプレイヤの利得表を

$$\begin{array}{c} & X & Y \\ X & \begin{pmatrix} a & b \\ c & d \end{pmatrix} \end{array} \quad (4.1)$$

とする。このとき、次のようになる。

- $a > c$ ならば戦略 X は狭義の Nash 均衡点
- $a \leq c$ ならば戦略 X は Nash 均衡点
- $d > b$ ならば戦略 Y は狭義の Nash 均衡点
- $d \leq b$ ならば戦略 Y は Nash 均衡点

第4章 協調と裏切りの創発

　この考えはジョン・ナッシュ[*2]によるものです。彼は、ブラウアーの不動点定理を利用して、3人以上の非協力ゲームは均衡点を必ず持つことを証明しました。

　囚人のジレンマゲームにおいては、純粋戦略の組 (A_2, B_2) が均衡点になっていることが容易に確かめられます。またそれ以外には均衡点はありません。ところが、どちらも相手が自白しないだろうと信じて自白しなければ、(A_1, B_1) という組になって、ともに刑は2年で済むことになります。それはどちらにとっても均衡点よりも良い結果です。しかし囚人はお互いに隔離されて収監されているため、協力はできません。このように2人のプレイヤはジレンマに陥ってしまうのです。なお、(A_1, B_1) は、パレート効率的と呼ばれています。これは、自分の戦略を変えると自分の利得は増えますが、そのときに相手の利得が減るなら止めるという思いやりが達成される点、つまり、両プレイヤの選好が一致する部分を尊重する戦略の組み合わせです。囚人のジレンマでは、ナッシュ均衡点がパレート効率的ではないのでジレンマに陥ることになります。

　先に説明した掃除魚と掃除される魚のように、囚人のジレンマのような状況は生物集団や人間社会では頻繁に遭遇します。たとえば、

- 自然界における動物の付き合い
  - 霊長類の毛づくろい
  - 寄生虫とホスト
  - 人間同士の付き合い
- 国家と国家の付き合い
- 部族と部族の付き合い

などは、適当な利得を考えると囚人のジレンマとしてモデル化できます。

[*2] John Nash（1928-2015）：アメリカの経済学者、数学者。1994年にノーベル経済学賞を受賞。アメリカ映画「ビューティフル・マインド（2001年）」はナッシュの半生を描いたミステリー作品で多くのアカデミー賞を受賞した。その中には、「これでアダム・スミスが言おうとしていたことがすべて数学的に証明できることになったのだ」という興味深いセリフがある。

4.2 繰り返しは協調を創発する

一回限りの囚人のジレンマでは協力が生まれる余地はありませんが、これを拡張した「繰り返し囚人のジレンマゲーム（Iterated Prisoner's Dilemma、以下、IPD）」では様相が全く変わってきます。IPD は、囚人のジレンマゲームを同じ相手と何回か繰り返して行い総和を得点とするものです。1 回ごとの対戦における選択を「手」と呼びます。具体的に言えば、手は協力する（自白しない）か裏切る（自白する）かのどちらかとなります。

以下では自分を P_1、相手を P_2 とします。さらに表 4-1 をもとにして P_1 の利得表を決めます（**表 4-2** 参照）。ここでは値が大きいほど利益がある（囚人の場合短い刑期で済む）としています。

■表 4-2：IPD の利得表とコード

	相手（P_2）が自白しない $P_2 = C$	相手（P_2）が自白する $P_2 = D$
自分（P_1）が自白しない $P_1 = C$	利得：3 コード：R	利得：0 コード：S
自分（P_1）が自白する $P_1 = D$	利得：5 コード：T	利得：1 コード：P

ここで、ジレンマが生じる条件として、

$$T > R > P > S \tag{4.2}$$

$$R > \frac{T+S}{2} \tag{4.3}$$

の二つの不等式が必要です。このうち第一式は優劣関係から明らかです。第二式の意味については後に説明します。

IPD において考えられる戦略としては、たとえば、

1. All-C：相手の手に拘らず常に協力する（自白しない）
2. All-D：相手の手に拘らず常に裏切る（自白する）
3. 協力と裏切りを繰り返す
4. RANDOM：全くでたらめに 1 回ごとの手を決める

5. GRIM：初回はC、相手が裏切るまでC、裏切ると永遠にDとなり、決して許さない
6. GRIM*：GRIMと同じだが最後は必ずD（最後っ屁）
7. WSLS：勝ち残り負け逃げ（Win-Stay-Lose-Shift）、パブロフ（Pavlov）戦略とも言う

などが考えられます。最初の四つは明らかですが、あまり賢明な戦略ではありません。最後の三つについてはのちに詳しく説明します。

IPDでは一度きりのゲームでは生じなかった協力解が進化します。その理由は、前に裏切ると次には復讐されるために協調を余儀なくされるからです。有名な協調戦略としては「しっぺ返し（Tit for Tat、以下TFT）」があります。これは、

1. 1回目はランダムに出す
2. 2回目以降は相手の1回前の行動をまねる

という戦略です。つまり「Do unto others as they have done unto you（目には目を）」のことです*3。これは、1回前に相手が裏切って自白した場合次に自分は自白し、逆に相手が前回自白しなかったら自分も次には自白しない、というものです。この戦略は他のさまざまな戦略に比べてかなり強い（総得点が高い）ことが知られています。この変形として、

1. 寛容なTFT：33％裏切られるまで協調する
2. TF2T：2回裏切られたときのみ裏切る
3. anti-TFT：TFTの逆の戦略

などの戦略もあります。All-C、All-D、TFT、anti-TFTの4戦略が4回対戦したときの、各手番での利得とその合計を**表4-3**に示します。この表から、以下のことがわかります。

---

*3 ハンムラビ法典や聖書に出て来る復讐の言葉とされる。ただし、新約聖書（マタイによる福音書、第5章39節）には「左の頬を打たれたら、右の頬も差し出しなさい」と続くことから、イエスは復讐を戒める言葉を説いていた。

■ 表 4-3：四つの戦略の対戦

自分の戦略	相手の戦略			
	All-C	TFT	anti-TFT	All-D
	各利得／合計	各利得／合計	各利得／合計	各利得／合計
All-C	3333／12	3333／12	0000／0	0000／0
TFT	3333／12	3333／12	0153／9	0111／3
anti-TFT	5555／20	5103／9	1313／8	1000／1
All-D	5555／20	5111／8	1555／16	1111／4

1. TFT は All-C と同等かそれ以上である。
2. TFT は一般に anti-TFT より優れている。ただし All-C が相手の場合には anti-TFT の方がよい。
3. All-C は anti-TFT や All-D に対しては成績が悪い。しかし TFT とはうまくやっていける。
4. All-D は TFT を出し抜くことができる。

1979 年に、ロバート・アクセルロッド[*4]は多数のゲーム理論の専門家や心理学者などに招待状を出して IPD の戦略を募集しました。そして集まった 13 通に RANDOM（乱数で C/D を決定する戦略）を追加してトーナメントを行いました。このトーナメントでは、各戦略は自分自身との試合を含め総当たりに対戦します。偶然の効果を除くため同じ相手と 5 試合戦いました。各対戦では、1 試合につき 200 回まで囚人のジレンマを繰り返します。これは後述するように、付き合いを十分長く続かせるためです。一回の試合の勝ち負けは特に問題でなく、順位は最終的にあげた総得点で決まります。

このコンテストに優勝したのは、トロント大学の心理学者（かつ哲学者）ラポポートの書いたしっぺ返しでした。このプログラムは Basic でわずか 4 行で、集まった中で最小でした。アクセルロッドは結果を解析して、

1. 自分から決して相手を裏切らない（礼儀正しさ）
2. 相手に裏切られても一度だけ裏切ってあとは根に持たない（寛容さ）

[*4] Robert M. Axelrod（1943–）：アメリカの政治学者。

第4章 協調と裏切りの創発

という二つの教訓を得ました。これを気のいいやつ（nice）と呼んでいます。この教訓をもとにするとよりうまい戦略が引き出せると考えたアクセルロッドは、第2回のトーナメントを開催しました。今度は広く一般のコンピュータ雑誌を通しても募集し、しかも上の二つの教訓を公表し参加者に伝達しました。この呼び掛けに6ヵ国から幅広い人々が参加しました。しかしながら優勝したのはまたしてもラポポート一人が書いたしっぺ返しでした。アクセルロッドはこの2回のコンテストの考察を行い、さまざまな教訓を論じています。

トーナメントの成績を見ると、TFT のような気のいい戦略は上位半分を占めていました。一方、下位半分の大半は、自分から裏切る戦略でした。ちなみに最下位は「でたらめ戦略」でした。これはなぜでしょうか？

ここで TFT の強さについて考えてみましょう。なお、以下の記述は文献 **[91, 43]** をもとにしています。まず気のいいやつ同士が対戦した場合を考えてみましょう。このとき、どちらも自分からは裏切らないので、最後の200回まで協調します。その結果、両者の得点はともに $3 \times 200 = 600$ 点となります。一方、気のいいやつが裏切り者と対戦した場合はどうなるでしょうか？たとえばJOSS（ヨッス）という戦略と TFT の対戦を見てみましょう。JOSS はほとんど TFT として振る舞うが、たまに乱数に従って裏切ります。これは普段まじめに生活するが、ときおり浮気心を出すという多くの人がとる戦略です。また TFT を時に出し抜く（TFT に協調させ、自分は裏切る）ことで5点をせしめることができ、ほとんど TFT ではあるが、TFT よりも若干よさそうです。

さて、TFT と JOSS の対戦を見てみましょう。対戦では最初の5回までともに協調しました。

TFT:　　CCCCC

JOSS:　　CCCCC

そのあと JOSS が気まぐれに裏切りました（浮気した）。

TFT:　　CCCCCC

JOSS:　　CCCCCD
　　　　　　　^

次に JOSS は改心して協調するが、TFT は報復して裏切ります。

TFT:　　CCCCCCD

JOSS:　　CCCCCDC
　　　　　　　　^

その後は「裏切り」と「協調」の互い違いが続きます。

TFT:　　CCCCCCDCDCD
JOSS:　 CCCCCDCDCDC
　　　　　　　^^^^

この間の得点は、

JOSS: 5 0 5 0 …
TFT : 0 5 0 5 …

となり、平均 $\frac{0+5}{2} = 2.5$ 点であり、両者が協調し続けていた場合の 3 点より少なくなってしまいます。式 (4.3) の仮定を思い出してください。

その後、さらに 25 回目に JOSS が気まぐれに裏切りました。

TFT:　　CCCCCCDCDCD...D
JOSS:　 CCCCCDCDCDC...D
　　　　　　　　　　　　^

するとそれ以後は裏切りの応酬となります。

TFT:　　CCCCCCDCDCD...DDDDDDD
JOSS:　 CCCCCDCDCDC...DDDDDDD
　　　　　　　　　　　　^^^^^^

この憎しみの連鎖の間の得点は平均して 1 点となります。こうして過ちを悔いて協調し直すことはできないまま対戦は終わりました。

結局、この試合で JOSS は 241 点を、TFT は 236 を得ました。これは両者が協調し続けていれば得られた 600 点よりもはるかに少ないことに注目してください。

TFT の特長は以下の点にあります。

1. 一度も相手をやっつけていない。TFT の得点は常に相手と同点かそれ以下である。
2. 根に持たない。TFT ではお返しは一回だけであり、俗に言う「10 倍返し」などはしない。これにより、相手の和解のチャンスを無視しない。
3. カモを必要としない。これは相手を搾取しないことを意味する。その結果、TFT 同士で楽しく繁栄できる。

「カモ」について考えてみましょう。All-D という戦略は All-C（カモ）に対し

ては最高値の 5 点をとれます。しかし、カモがいない場合には成績が悪くなるでしょう。

なお IPD の重要な仮定は、「対戦の最後をプレイヤに悟られない」ということです。さもないと「最後っ屁戦法（最後の回は必ず裏切る）」が出てきます。また付き合い（対戦）が長いことも協調の進化には必要です。短い付き合いでは、協調の前提とする信頼関係も構築できません。これは学生街の定食屋（学生と長く付き合うため、リピータを期待する良心的な営業方針）や海辺のラーメン屋（一見相手なので高くてまずくてもやっていける）の例からもわかるでしょう。

ここで進化的に安定な戦略（ESS：Evolutionarily Stable State）という考え方を説明します。これはある戦略が集団を占めたとき、他の戦略は侵入できない状況です。この考え方はジョン・メイナード＝スミス[*5]とジョージ・プライス[*6]によって 1973 年に提唱されたものです。戦略 A と B が対戦したときの A に対する利得を $E(A,B)$ とすると、戦略 I が ESS である条件は次のようになります。

進化的安定戦略（ESS：Evolutionarily Stable State）
どんな戦略 $J\ (\neq I)$ に対しても、利得 $E(I,I) > E(J,I)$ が成り立つか、$E(I,I) = E(J,I)$ かつ $E(I,J) > E(J,J)$ が成り立つ。

前述のように、ESS 戦略をとる集団に対しては淘汰によってどのような戦略も侵入できません。同様の性質は狭義の Nash 均衡に対しても成り立ちますが、Nash 均衡に対しては成り立ちません。

All-C は明らかに ESS ではありません。たとえば All-C だけの集団に All-D が侵入した場合、All-D の一人勝ちで All-C 集団は崩壊します。興味深いことに、TFT も ESS ではないことがわかっています[*7]。

[*5] John Maynard Smith（1920–2004）：イギリスの生物学者。2001 年京都賞受賞。20 世紀の生物学に最も影響を与えた生物学者と言われている。
[*6] George R. Price（1922–1975）：アメリカの集団遺伝学者。無神論からキリスト教徒に転向し、貧しい人々に全財産を分け与えてホームレス同様になる。自殺に至るまでの壮絶な生き方を描いた『親切な進化生物学者』**[58]** は一読に値する。
[*7] Nash 均衡点と ESS の間には

$$\text{狭義の Nash 均衡点} \Longrightarrow \text{ESS 戦略} \Longrightarrow \text{弱 ESS 戦略} \Longrightarrow \text{Nash 均衡点} \tag{4.4}$$

の関係がある。

TFTの欠点として、

- ノイズ（間違えて意図しない行動をしたり、相手の行動を誤認識したりすること）によって協調と裏切りを交互に繰り返してしまう
- All-Cに対して搾取できない（常に協調しかしない）

などが挙げられます。これを補うためパブロフ戦略（WSLS：Win-Stay-Lose-Shiftとも呼ばれる）が提案されています**[44]**。この戦略では、相手の前回の手だけではなく自分の前回の手にも基づいて行動を決定します（**表 4-4** 参照）。たとえば、失敗の選択をした場合（相手が協調することを期待して自分が協調したのに裏切られた、あるいは相手が協調すると思って裏切ったときに相手も裏切った）には、前回の選択を変更します。逆に、前回自分が裏切りで相手が協調した場合はうまくいったので、手を変える必要はありません。パブロフ戦略はノイズに強いと言われています。たとえばパブロフ同士の対戦で、ノイズにより協調関係が壊れて(C,D)となったとしても、(D,D)、(C,C)となって協調関係に戻ります。ただしパブロフは常にTFTより優れているわけではありません。たとえばAll-Dに対してはTFTは裏切り続けるが、パブロフは協調と裏切りを繰り返し、平均得点はTFTよりも低くなってしまいます。

■ 表 4-4：パブロフ戦略とTFT戦略

自分の前回の手	相手の前回の手	パブロフ戦略	TFT戦略
C	C	C	C
C	D	D	D
D	C	D	C
D	D	C	D

次に、GRIM戦略を考えてみましょう。これは初回はC、相手が裏切るまではC、そして相手が裏切ると永遠にDとなり決して許さないというものです。この戦略は人間の互恵的行動の象徴とされています**[48]**。その一例がアントワープ（ベルギー）のダイヤモンド市場です。ここでは比較的小規模の専門家集団で取引を行っています。取引する者は商品を家で調べるため、カバンに入ったダイヤモンドを渡されます。もしもある人がそれを盗むと、その人は共同体から永久に

追放されてしまいます。決して裏切りを許さないが、そうでなければ全幅の信頼を置くというのは GRIM 戦略に他なりません。

ALL-D と GRIM の m 回の対戦の利得行列は次のようになります **[131]**。

$$
\begin{array}{c}
 \quad\ \ \text{GRIM} \qquad\qquad \text{ALL-D} \\
\begin{array}{c} \text{GRIM} \\ \text{ALL-D} \end{array}
\left(
\begin{array}{cc}
mR & S+(m-1)\cdot P \\
T+(m-1)\cdot P & mP
\end{array}
\right)
\end{array}
\qquad (4.5)
$$

したがって、もし $mR > T+(m-1)\cdot P$ であれば GRIM は ALL-D に対し狭義の Nash 均衡となります。集団全員が GRIM のとき ALL-D は侵入できません。しかしながら、$mP > S+(m-1)\cdot P$ であるために、ALL-D も狭義の Nash 均衡点となっています。

では GRIM*(GRIM と同じだが、最後は必ず D)と GRIM の対戦を見てみましょう。m 回の対戦の利得行列は次のようになります。

$$
\begin{array}{c}
 \quad\ \ \text{GRIM} \qquad\qquad \text{GRIM}^{*} \\
\begin{array}{c} \text{GRIM} \\ \text{GRIM}^{*} \end{array}
\left(
\begin{array}{cc}
mR & S+(m-1)\cdot R \\
T+(m-1)\cdot R & P+(m-1)\cdot P
\end{array}
\right)
\end{array}
\qquad (4.6)
$$

GRIM* の方が GRIM より有利であり、GRIM ばかりの集団は GRIM* によって進化的に侵入されることがわかります。

さて、一度全員が GRIM* になると、最終回から 1 回前でも同様に相互裏切りとなります。もし最終回から 1 回前も相互裏切りなら、最後から 2 番目の回も相互裏切りとなるでしょう。つまり GRIM よりも GRIM* が有利となり、GRIM* よりも GRIM** が有利となっていきます。この議論はいつまでも続けられ、結局は ALL-D が有利となります。つまり、ALL-D は狭義の Nash 均衡点かつ唯一の ESS であることが示されました。

ここで再び TFT の強さを考えてみましょう。TFT と ALL-D の対戦では以下のように損得表は GRIM 対 ALL-D と同じになります。

$$
\begin{array}{c}
 \quad\ \ \text{TFT} \qquad\qquad \text{ALL-D} \\
\begin{array}{c} \text{TFT} \\ \text{ALL-D} \end{array}
\left(
\begin{array}{cc}
mR & S+(m-1)\cdot P \\
T+(m-1)\cdot P & mP
\end{array}
\right)
\end{array}
\qquad (4.7)
$$

先述のように m が $m > \frac{T-P}{R-P}$ の閾値を越えると、GRIM は ALL-D による侵入に対して安定でした。一方、TFT は相手が協力すれば再び協力し始めるという点で、GRIM と比べて有利になっています。GRIM と違って TFT は永遠の裏切りの世界から逃れられるのです。

4.3 創発する万華鏡とビッグバン

繰り返し囚人のジレンマの戦略を進化計算で進化させる研究はさまざまになされています。たとえば、Cohen らの研究 **[99]** では、256 のプレイヤが登場し、それらは 16×16 の 2 次元格子上に配置されています。各プレイヤは自分の近傍と対戦します。近傍には、

1. 2DK（2-Dimension, Keeping）：2 次元格子における自分の上下左右（NEWS：北東西南）。近傍は対称である。つまり、A の近傍に B があるとき、必ず B の近傍に A がある。
2. FRNE（Fixed Random Network of Equal numbers）：各エージェントは同数（四つ）のエージェントから成る近傍を有する。これらは全集団からランダムに選ばれ、最後まで固定とする。また近傍は対称である。
3. FRN（Fixed Random Network）：FRNE とほとんど同じであるが、近傍エージェントの数はエージェントごとに異なる。近傍は対称ではない。近傍エージェントの数は平均で 8 となるようにする。
4. Tag：各エージェントは 0 から 1 の間の実数値（タグ、社交性ラベル）を有する。エージェントは似たタグのエージェントと対戦しやすいというバイアスを持つ。
5. 2DS（2-Dimensions, 4 NEWS）：2DK と同じであるが、エージェントは各ピリオドごとに位置を置き換えられ、新しく NEWS が設定される。
6. RWR（Random-With-Replacement）：各ピリオドごとに近傍は選び直される。近傍エージェントの平均数は 8 とし、近傍は非対称とする。

の決め方があります。そして、各プレイヤは、近傍のエージェントで最も平均利得の大きいエージェントを探し、それが自分の平均利得より大きいならばその

エージェントの戦略をコピーします。さらに、コピーの際にエラーが生じます。このエラーには以下のものがあります。

1. 成績比較のときのエラー：ある確率で大小比較を間違えて、悪い方を選ぶ。
2. ミスコピー（突然変異）

このようにしてプレイヤの戦略は進化していきます。

　実験を行ってみると、多くの場合に協調行動の進化を確認しています。協調の創発には二つの重要な要因がありました。一つは対戦過程が近傍を保存することです。近傍は2次元格子（2D）とは限りません。FRNのような固定されたネットワークでも高レベルの協調関係が成立しました。またタグを用いて確率的に近傍を認識するエージェントも、ランダムな近傍のエージェントより協調性が高くなりました。この研究の詳細は文献 **[7]** を参照してください。

　一方で、近傍のネットワークの構造によっては協調行動が進化しにくい場合もあることがわかっています。特に、均一なネットワーク*8よりも、均一でないネットワークの方が協調行動が進化しやすいという報告もあります **[145]**。なお、人間がIPDのゲームが行う場合には、均一でも、不均一なネットワークでも同様に協調が進化するようです **[106]**。

　さらに、囚人のジレンマの空間ゲームでは、「ビッグバン」や「万華鏡」などの興味深いパターンの創発を観察することができます **[131]**。

　空間ゲームのルールは以下のとおりです。各プレイヤは2次元格子空間*9上の格子点を占めていて、隣のすべてのプレイヤ（ムーア近傍、上下左右斜めの8個）と対戦します（**図4.3**）。この対戦による得点が合計されて利得が計算されます。利得に応じて各格子点のプレイヤは戦った相手のうち最も高い得点の戦略に変更されます。なおここでは次のような利得表を採用します。

$$\begin{array}{c} \\ C \\ D \end{array} \begin{array}{cc} C & D \\ \begin{pmatrix} 1 & 0 \\ b & 0 \end{pmatrix} \end{array} \qquad (4.8)$$

---

*8 近傍のネットワークが格子状のように規則的であるものを均一なネットワークと呼ぶ。一方、ネットワークがランダム性やスケールフリー構造を持つ場合には均一でない。

*9 正方形の上下、左右はつながっていて、トーラス構造になっている。

4.3 創発する万華鏡とビッグバン

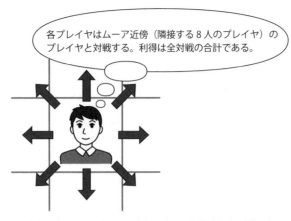

・各プレイヤは自分および隣のプレイヤの中で最も利得の高かった戦略を次に採用する
・すべてのプレイヤは同期して更新する

■ 図 4.3：囚人のジレンマの空間ゲーム

ただし、$3/2 < b < 5/3$ とします。

さらに、各プレイヤのセル（マス目）を以下のように色付けします。

- 青色：前の世代で C、今の世代で C
- 赤色：前の世代で D、今の世代で D
- 緑色：前の世代で D、今の世代で C
- 黄色：前の世代で C、今の世代で D

したがって、青色や赤色は変化していないプレイヤのセルを、緑色や黄色は変化するセルを示します。緑色や黄色のセルが多いほど多くの変化が起こっています。

たとえば**図 4.4** の配置を見てみましょう。ここで赤色のセルは ALL-D を、青色のセルは ALL-C を示します。つまり裏切り者に囲まれた 10 人の協力者（ALL-C）から成るクラスタとなっています。セルの中の数字や記号が、ムーア近傍との対戦による全利得です。たとえば矢印の根元にある青色の 5 という値は以下のように与えられます。

$$5 \text{ 回の ALL-C との対戦} + 3 \text{ 回の ALL-D との対戦} = 5 \times 1 + 3 \times 0 = 5$$

117

第4章 協調と裏切りの創発

$$\begin{array}{c} \begin{array}{cc} C & D \end{array} \\ \begin{array}{c} C \\ D \end{array}\!\!\begin{pmatrix} 1 & 0 \\ b & 0 \end{pmatrix} \end{array}$$

$3/2 < b < 5/3$

b	$2b$	$3b$	$3b$	$2b$	b
$2b$	3	5	5	3	$2b$
$2b$	3	5	6	4	$3b$
b	$2b$	$3b$	$5b$	3	$3b$
			$2b$	1	$2b$
			b	b	b

■図4.4：歩く人（口絵参照）

　IPDを実行してセルの色を次々に塗り替えていきましょう。するとこのクラスタ（歩く人）は図の矢印の方向に動いていきます。つまり、各世代ごとに足が右、左、右、左、……と交互に動き、2本の足で歩いているように見えます。

　図4.5は進化で得られた万華鏡、**図4.6**はビッグバンに至る進化の様子です。歩く人（図4.4）が衝突することにより協力のビッグバンが生まれています。万華鏡は、固定した大きさの正方形の協力者（ALL-C）に侵入する単独の裏切り者（ALL-D）によってつくり出されます。常に変化し続ける対称的なパターンの展

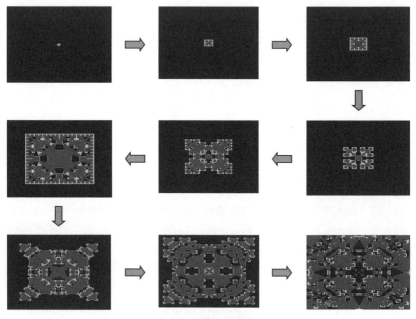

■図4.5：万華鏡（口絵参照）

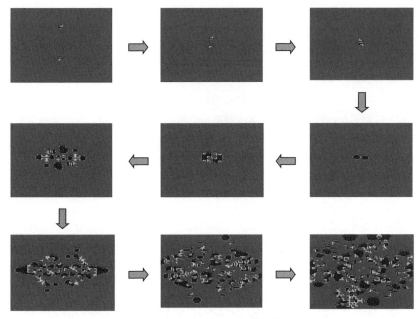

■ 図 4.6：ビッグバン（口絵参照）

開が驚くほど長い間にわたって現れます。起こり得る配置の総数は有限なので、長い時間のあとで万華鏡は固定したパターンやサイクルに到達します。

この空間モデルに非同期的な要素を組み込んで拡張する研究もなされています **[111]**。そこでは、いくつかの近傍グループの対戦を行って選択し、そののちに別のグループの対戦を行って選択するような手順にゲームが変更されました。その結果、すべての平面が最終的に裏切り者によって占められることが観測されています。

さらに囚人のジレンマに規範（norm）を加える試みもなされています **[92]**。つまり裏切り行為が見つかった場合、それに対する社会的な制裁が減点という形で加えられます。プレイヤが裏切ると、他のプレイヤがそれを目撃する可能性が織り込まれています。そして、囚人のジレンマをプレイする戦略に加えて、裏切り者を目撃したときにその者を罰するかどうか（裏切り者のスコアを減点するかどうか）を決めるための戦略を組み込みました。各世代において、各プレイヤは他のすべてのプレイヤと一回のゲームを行います。対戦中にプレイヤが裏切るたびに他のプレイヤによってその行為が目撃される可能性があります。そして目撃さ

れるごとに、その目撃者の復讐心の強さとして設定されている確率に従って、裏切り者が罰せられます。対戦がすべて終わった後で進化の過程が適用されます。このとき子供の戦略は突然変異する可能性があります。特に親のものとは異なる大胆さと復讐心の強さを持つこともあります。もしも社会規範を全く設定しないと、集団はやがて裏切り者であふれるでしょう。規範のみでは協力関係が確実に進化とは限らないので、さらにメタ規範を追加します。これは、見て見ぬふりをする人を罰するという規範です。つまり裏切り者を見ていながら見てないふりをするプレイヤを罰するプレイヤを導入すると、前者が裏切り者を罰するように進化し、また裏切り行為を罰せられたプレイヤが協力するような進化傾向が見られました。

IPDはさまざまに拡張され、人工知能や人工生命、進化経済学などの分野で盛んに研究されています [35, 3]。以下ではそのいくつかについて説明しましょう。

4.4 量子ゲームでジレンマは解消できるか？

量子ゲームに基づいてジレンマを解消する研究がなされています [74, 47]。これは条件付きの戦略を考えることで、一見非合理的に見える人間の行動をうまく説明する試みです。囚人のジレンマゲームのプレイヤをアリスとボブとしましょう。ここでは表4-2の利得表を利用します。アリスはボブの行動を予測して自分の手を決めます。ボブが裏切ると確信している場合にはアリスもおそらく裏切ります。一方ボブが協力するときにも、アリスはそれなりの確率で裏切ります。心理実験によると、約80%の確率で裏切るそうです（20%の確率で協力する）。さてボブがどうするか不明なとき（裏切り・協力の可能性が五分五分のとき）には、古典的な論理では90%（$= (80+100)/2$）の確率で裏切るでしょう（これは当然原理と呼ばれている）。ところが心理学的実験によると、被験者の裏切りの確率は約40%となっています。この点は従来の論理的推論では説明が困難でした。

ここで量子戦略 Q という戦略を導入します。これは協力と裏切りを同じ度合いで量子的に重ね合わせたものです。つまり、アリスとボブが戦略を選ぶ前にそれぞれの状態を量子もつれ（entanglement）にし、これを知らせたうえで戦略を選ばせます。このとき、量子戦略 Q がナッシュ均衡点であり、かつパレート効率的であることが示されます。これにより囚人のジレンマが解消されます。当

4.4 量子ゲームでジレンマは解消できるか?

然原理が満たされないことも、量子力学の確率論として考えると説明がつきます。つまり、80%の確率で裏切るのと100%の確率で裏切るのはそれぞれ独立した合理的な判断ですが、両者が互いに干渉することで、裏切りの確率が下がるのです。**図4.7**では量子状態ベクトルのそれぞれの次元を黙秘、自白の確率とし

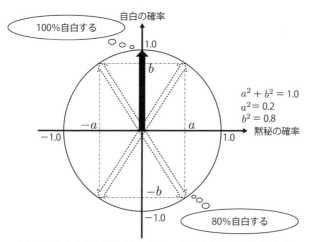

(a) 100% 自白する状態ベクトルと 80% で自白する状態ベクトル

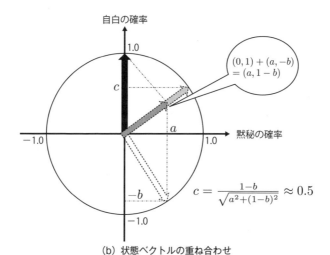

(b) 状態ベクトルの重ね合わせ

■ 図 4.7：量子ゲームによる囚人のジレンマ

ています*10。(a) には 100% 自白する状態ベクトル（黒）と 80% で自白する状態ベクトル（白）が描かれています。80% で自白する状態ベクトルは複数あり、$a^2 + b^2 = 1.0$、$a^2 = 0.2$、$b^2 = 0.8$ を満たします。相手の状態がわからないときに黒と白の二つのベクトルを重ね合わせて新しい状態ベクトルを求めます。このとき右下を向く状態ベクトルを採用すると、(b) のようになります。得られたベクトルを正規化して自白の確率 c を求めると、$c = \frac{1-b}{\sqrt{a^2+(1-b)^2}} \approx 0.5$ となり、上述の心理学的実験に近い結果が得られました。

さらに、量子ゲームを考えることで、古典的な枠組みでは協調が進化しにくかったネットワーク構造上でも、容易に協調行動が進化することが示されています [120]。

なおここ説明した量子ゲームによる解釈は、人間の脳や知能が量子計算に基づくことを意味するものではありません。「量子認知」と呼ばれている思考の流動性の表現手段と考えられています。一方、ペンローズタイルで有名な物理学者ロジャー・ペンローズは、「われわれの精神は理性に基づく考えを超越できるので機械では複製されない [71]」と主張し、脳のマクロスケールでの振る舞いや意識の問題に系の持つ量子力学的な性質が関わっているという、「量子脳理論」を提唱しています [72]。

4.5 最後通牒のゲーム：人間は利己的か、協調的か？

囚人のジレンマの基礎には人間や生物は本質的に利己的である、つまり通常は裏切るということが想定されています。この説はリチャード・ドーキンス*11 の

---

*10 量子の重ね合わせ状態はヒルベルト空間と呼ばれるベクトル空間（線形空間）のベクトルで表される。また物理量は量子論的に言えば演算子である。このとき、ある物理量の観測値（固有値）を見出す確率は、状態ベクトルをその演算子の固有ベクトルで展開したときの係数の絶対値の 2 乗となっている。

*11 Richard Dawkins (1941-)：イギリスの進化生物学者・動物行動学者。数多くの生物学的な一般書・啓蒙書を著し、「利己的遺伝子」、「ミーム」（文化的情報の複製子、198 頁参照）や「拡張された表現型」（寄生虫による宿主の操作、ビーバーがつくるダム、シロアリの塚なども遺伝子の表現型だと見なす）などの考え方を提唱した。進化についてのこれらの画期的アイディア・挑戦的な発言は現在も多くの論争を引き起こしている。無神論者としても有名。

唱える「利己的遺伝子[*12]」の考えに基づきます。これによると利他行動や群淘汰は間違っていることになります。むしろ遺伝子の利己的な振る舞いが人間の脳に非利己的な動機（惜しみない深い利他心 [61]）を生じさせるのです。

しかしながら、人類は本当に思いやりがないのでしょうか？ この点に関して最近の最後通牒ゲームの研究成果は大きな疑問を投げかけています。最後通牒は次のようなゲームです（**図 4.8**）。

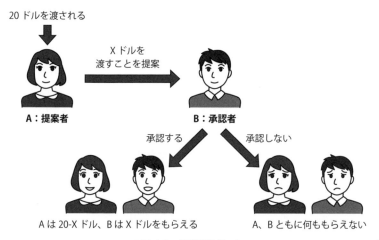

■ 図 4.8：最後通牒ゲーム

最後通牒ゲーム

二人のプレイヤ A、B がいる。まだお互い誰か知らされていない。二人は一定額のお金を分け合うチャンスを与えられ、チャンスは 1 度きりである。A は 20 ドルを渡され、0 から 20 ドルの間の好きな額を B に提示する[*13]。B は A に提示された額を受け入れるか断るかを決める。B が受け入れたら二人とも A の提案どおりにお金を分け合い、B が断ったら二人とも何ももらえない。このとき A の最適な戦略は何だろうか？

[*12] 遺伝子は、繁殖に成功してなるべく多くの子孫を残すために巧みに振る舞っているという考え方。われわれ自身は自分の体に宿っている遺伝子を生き残らせるために生きている、遺伝子生存のための機械（vehicle = 乗り物、媒介）と見なされる。この考え方によって多くの生命現象に説明がつけられる。

このための経済学的な最適戦略は明らかです。1円は何もないよりましなはずです。したがって、Bにとっては1円でも受け入れるべきです。このことからAとしては1円だけを提示して、残りは自分に取っておくのがいいでしょう。しかし一般の人はこのようには考えません。通常Bは低い金額を提示されると断ります。明らかに足元を見られた金額を提示されると腹を立て、お金を取り逃がしても怒りを示します。一方、Aの側としては、そういう足元を見た提示は普通は見られません。AはBに半額近い額を提示します。相手に断られないため、しばしば気前良く振る舞うのです。たとえば、筆者が得た回答結果は図4.9のようになっていました[14]。これを見ると論理的思考に長けているはずの理系学生でもかなり良心的に損をしていることに驚きます。Aの提示額の中央値は5,000円であり、一方Bの受け入れ額の最頻値が5,000円です。ただしBの受け入れ額では1円もかなりの頻度で現れていることが、合理性の存在を多少は物語っています。

より厳しいゲームとして、次のような独裁者ゲームというのがあります（図 4.10）。

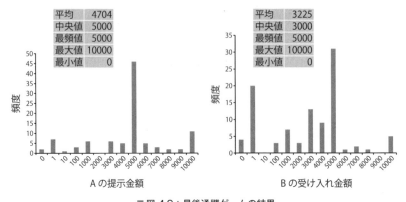

図 4.9：最後通牒ゲームの結果

---

[13] 以下の日本語版の質問では、Aに提示する金額を 10,000 円としている。
[14] 表3-1 と同じ講義で集計したデータ。ただしこのデータは 2014 年度～2016 年度の 3 回の講義の受講生の総計である。

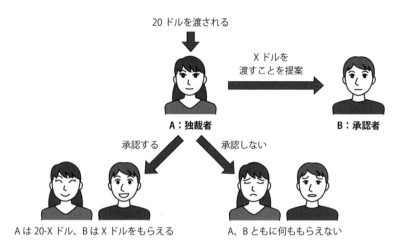

■ 図 4.10：独裁者ゲーム

> **独裁者ゲーム**
> 二人のプレイヤ A、B がいる。二人は一定額のお金を分け合うチャンスを与えられ、チャンスは 1 度きりである。A は 20 ドルを渡され、0 ドルから 20 ドルまでの好きな金額を B に渡す。結果を決めるのは A（= 独裁者）のみである。このとき A の最適な戦略は何だろうか？

多くの国・地域（シカゴ、西モンゴル、タンザニア）で実験した結果、このような究極のゲームにおいても A は多くの金額を与えていました。平均で 4 ドルほど、つまり全体の 20% を相手に渡したとされています [86]。

これらの結果は標準的な経済学の根幹を揺るがすものでした。現代経済学の基礎はホモ・エコノミクス（経済人：超合理的で自分のことしか考えないけだもの）に基づいています。上の結果は従来の経済の教科書にあるような「経済人」は死んだことを意味します。つまり思いやり・協調行動が人間にはもともとあるのかもしれません。

さらに、ある研究グループが電気刺激を用いて脳の右背外側前頭前皮質の働きを阻害したところ、被験者は不公平だと思いながら、最後通牒ゲームにおいて私欲に駆られて少ない提示額を受け入れたそうです [23]。このことは、脳のこの領域が通常は自己利益（どんな金額でも了承する）を抑制し、意思決定プロセスに利己的な欲求が入らないようにしていると思われます。この領域は公正な行動を

するうえで重要なのでしょう。実際、子供の頃にこの領域を損傷した人は、成人になっても他者の立場に立つことができず、道徳的な課題について自己中心的な態度が見られるという報告があります。つまり、この領域は利己的な反応を抑制していて、社会的知識を獲得するのに大きな役割を果たしているようです。

また、オキシトシン[*15]を被験者の鼻に噴霧すると、その人はパートナーをより信用するようになるそうです [55]。その結果、囚人のジレンマゲームでチームを組ませて戦わせるという実験を行ったところ、オキシトシンを噴霧された被験者はあまり利己的な決定を下さず自分のチームに貢献しようとし、より積極的に他チームのメンバーを妨害するように振る舞いました。それにより自分のチームを守ることになるからです。ただしオキシトシンは博愛主義をもたらすのではありません。自分の属する社会集団内での帰属意識を高め、協調行動を促します。逆に、集団外部の者への攻撃性は高くなるようです。つまり、オキシトシン分泌という神経生物学的なメカニズムが、身内集団における調和や協調関係を促し、維持するために進化したという見解を支持しています。

4.6 進化心理学と心の理論

進化心理学は、人間行動に関する生物学的な説明を目指す分野です。人類学者・ジョン・トゥービーと心理学者のレダ・コスミデスらにより創設され、生物学的な指向を持つ多くの人類学者が参画してきました。彼らは脳を汎用の学習機械として見なす通念に反対しました。脳のそれぞれのモジュールは機能的になるように存在し、そのデザインは自然選択によるものだと主張しました。したがって、われわれの心は過去の環境に適応して進化したと考えられます [84]。

トゥービーはアーミーナイフの喩えを使っています。アーミーナイフはそれぞれの機能に特化したねじ回しや刃がついています。これと同じように、脳には視覚のモジュール、言語のモジュール、共感のモジュールなどが存在します[*16]。脳はこうした先天的なデータ処理の手段を備えているのです [84]。

[*15] 視床下部の室傍核と視索上核の神経分泌細胞で合成され、下垂体後葉から分泌されるホルモン。ストレスを緩和し幸せな気分をもたらすので、「愛の妙薬」、「愛情ホルモン」とも呼ばれる。

[*16] 一方、神経心理学者のエルコノン・ゴールドバーグは、勾配型原理の脳を提唱している。モジュール化は視床には当てはまるが、大脳皮質は勾配型であり、モジュール方式を補完すると述べている [32]。

4.6 進化心理学と心の理論

進化心理学は、遺伝子に焦点を当てて行動を説明する社会生物学[*17]から距離を置くように、人間の心に重点を置いています [42]。特にトゥービーは、自然淘汰の理論自体がエレガントな推論装置であると述べています。この理論を通してみることで、心の中に演繹の連鎖を生むのです [70]。

進化心理学は人間の認知や心の仕組みを進化の観点から説明することに成功しています。その代表的な研究成果は進化言語学者のスティーブン・ピンカーによるものです [60]。彼は、言語が人間の本性に根差したものであり、通常の自然選択を通してコミュニケーションが進化したと主張しています。つまり言語は高度に特化した器官です。言語が本能である証拠（言語本能）として、手話の獲得などの例を挙げています [59]。つまり、言語は単に文化的な産物ではなく、人間に特有の生得的産物であるとしています。

進化心理学の歴史はまだ浅いので、さまざまな研究が発表される一方で、その一部は新しい実験結果により塗り替えられています。また進化生物学的な人間観に対して異議を唱える者も少なくありません。たとえば、スティーブン・ジェイ・グールドは、進化心理学はすべてを適応だけで説明していて、その多くは後付け的な「なぜなに物語」にすぎない、と批判しています [60]。本節では、進化心理学をもとに囚人のジレンマに関する最近の話題を説明しましょう。

経済学者のアンドリュー・ショターとバリー・ソファーは、囚人のジレンマと似た「男女の争い」と呼ばれるゲームにおいて、文化継承プロセスを検証しました [79]。このゲームでは夫婦がオペラかサッカーに行くかで争います。それぞれ別々に行きたくはないが、行先は異なります。このゲームでは二つの均衡点が存在します（**表 4-5** 参照）。つまり二人が最適でかつ同等に満足できる解決法がないアンフェアな協調ゲームとなっています。このようなゲームは日常生活で頻繁に見出されます。アンドリュー・ショターらは、このゲームにおいて伝統が生じるか、そして生じるとしたらどのような文化継承プロセスなのかを実験的に検証しました。その結果、断続平衡的なプロセス[*18]に似た文化進化の過程を観測

[*17] 生物学の成果をもとに動物の社会的行動を研究する分野。社会生物学 [16] の主唱者のエドワード・ウィルソン（37 頁参照）は、著書の最後の 27 章「ヒト：社会生物学から社会学へ」に人間を含めたため、彼の本意とは異なるが優性主義的として批判され、社会生物学論争が巻き起こった。論争は次第に感情的にエスカレートし、講演会でウィルソンが頭から水をかけられたのは有名。

[*18] スティーブン・ジェイ・グールドとナイルズ・エルドリッジにより提唱された仮説。進化は種が分岐する短期間に集中して起こるという考え。長い停滞中には中立的な遺伝子の組み換えが頻繁になされている。環境の変化などの何かのきっかけでそれが発現して急激な進化が起こる。「停滞はデータなり」という名言がある。

第4章 協調と裏切りの創発

■表4-5：男女の争い

○は均衡点を表す

しています。

興味深いことに囚人のジレンマが消える事例もあります **[31]**。**図4.11** の上部は標準的な囚人のジレンマです。下部は、二人の囚人が遺伝子の半分を共有する兄弟姉妹であれば利得表が変わることを示しています。囚人 A の利得に兄弟である囚人 B の利得の半分が加算されています。同様に囚人 B には囚人 A の利得の半分が加算されます。このときには、相手が何を選んでいてもそれぞれにとっての最善策は協調となります。もし進化の過程でこのように近親の状況が考慮されたなら、協調が創発する可能性は十分にあります。

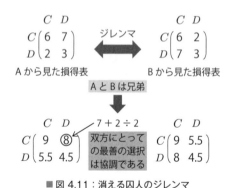

■図4.11：消える囚人のジレンマ

人間には理性的思考では説明できない認知行動があることが知られています。自己欺瞞や認知的不協和[*19]がその代表例です。このような不可解な認知行動を進化の観点から説明できるかもしれません。たとえば、動物学者のロバート・トリバースや前述のピンカーによると、協調への適応は道徳的な感情を創発したとされています **[62]**。それに加えて、親切さや技能についての誇張を他の人が見破

[*19] 矛盾する認知を持ったときの不快感を解消するために、自分を納得させられるような理性的でない行動をすること。たとえば、タバコは身体に悪いと知りながらタバコをやめられない理由として、「精神が安定する」とか「ダイエットになる」と信じて吸い続けることなど。

れるようになっていくことで、さらに技能を高め合います [60]。つまり、嘘つきと嘘発見器の間での心理的な軍拡競争（共進化）が起こるのです。「嘘つきは物覚えがよくなくてはならない（Liars should have good memories.）」という諺があります。嘘を見破られるきっかけは、内包される矛盾や躊躇、引きつり赤面、汗などの外面的な手掛かりです。こうした外面的な手掛かりを避けるために、自然選択によってある程度の自己欺瞞が進化したというのがトリバースの仮説です。自分に嘘をついていれば、他人からはより信用されやすくなるでしょう。

　ある意味で挑戦的ですが、宗教に対しても進化心理学的な考察がなされています。たとえば、無神論者で知られているリチャード・ドーキンスは「宗教はウィルスである」と述べています [52]。彼は、時に宗教は有害であり、それに対する無神論という選択肢が社会的に認められるべきであると主張しています。また宗教は単一の主題ではありません [60]。現代の西洋社会で宗教と呼ばれているものは、歴史の偶然によって国民国家の法律や慣習とともに生きのびたもう一つの法律や慣習を持つ文化です。宗教は芸術や哲学や法律を生み出し、それを宣伝する人の利益を生むのに役立ちました。ピンカーによる死後の世界を解く宗教的な創発についての言葉で本章を締めくくるとしましょう。

> 人生は残り少なくなってくるにつれて、背信が罰せられ協力が報われる双方向の囚人のジレンマから、矯正が不可能な一回限りの囚人のジレンマに移行していく。死んでも魂は生き残ってずっと子供の生活を見続けるのだと、子供に思い込ませることができたら、子供は親が存命中に背信する気にはなかなかなれないだろう [60, 193 頁]。

第5章

効用と多目的最適化

初めて無差別曲線を学んだときのことを覚えていますが、
全然理解できませんでした。
理解できなかった理由は、当然あるはずのものが
ここには見当たらなかったからです。
（中略）つまり、人はどこにいるのか？
実は、それは示されてはいないのです。
（ダニエル・カーネマン [27]）

5.1 ベルヌーイとサンクト・ペテルブルクのパラドクス

次のようなゲーム（賭け）を考えます。

- 理想的なコインを表が出るまで投げ続ける。
- 1回目で出れば2円、2回目で出れば4円、3回目で出れば8円、……、n回目なら2^n円を受け取る。
- いくらの参加料ならこの賭けに参加すべきか？

参加料を求めるために、この賭けで得られる金額の期待値を計算してみましょう。当然、期待値以下の参加料なら奮って参加すべきです。

期待値の計算は次のようになります。n回目に表が初めて出る確率は、$n-1$回までは裏がでて、次に表が出る確率です。公平なコインなので、1回の試行で表が出る確率も、裏が出る確率も$1/2$のはずです。結局この確率は、$1/2^n$となります。したがって期待値は、n回目に2^n円を受け取るので、

$$n \text{回投げたときの平均獲得額} = \sum_{k=1}^{n} 2^k \times \frac{1}{2^k} = \sum_{k=1}^{n} 1 = n$$

$$\text{賭けの期待値} = \lim_{n \to \infty} n = \infty$$

となり、参加料は無限大になります。

しかしこれは本当でしょうか？ 理性的な人なら無限のお金を払ってこの賭けに参加するとは思えません。何かが変です。

この疑問に答えを出したのがダニエル・ベルヌーイ[*1]です。彼の慧眼は、お金の効用は金額そのものではないことを見抜いたことです。彼は、お金の効用が現在の数学における金額の対数（log(金額)）のようなものであるとしました。効用が対数関数であることの意味はのちに詳しく説明しますが、簡単に言えば「富の

[*1] Daniel Bernoulli（1700-1782）：スイスの数学者・物理学者。流体力学におけるベルヌーイの法則が有名。三人兄弟の二番目で、兄ニコラウス2世、弟ヨハン2世も、数学者・物理学者である。ベルヌーイが現ロシアのサンクト・ペテルブルクに住んでいたことから、サンクト・ペテルブルクのパラドクスと呼ばれている。

増加から得られる満足度（効用）がそれまで保有していた財の数量に反比例する」ということです。この仮定をすれば賭けの期待値は次のように計算されます。

$$n \text{ 回投げたときの効用の平均} = \sum_{k=1}^{n} \log(2^k) \times \frac{1}{2^k}$$

$$= \log(2) \times \sum_{k=1}^{n} \frac{k}{2^k}$$

$$= 2 \cdot \log(2) \times \left(1 - \frac{1}{2^n} - n \times \frac{1}{2^{n+1}}\right)$$

$$\text{効用の期待値} = \lim_{n \to \infty} \left\{2 \cdot \log(2) \times \left(1 - \frac{1}{2^n} - n \times \frac{1}{2^{n+1}}\right)\right\}$$

$$= 2 \cdot \log(2) = \log(4)$$

したがって、効用から換算すると金額では 4 円の価値となります。つまり 4 円なら払って参加してもいいですが、それ以上ならやめた方がいいという妥当な結論が導かれました。

ここで本章のテーマである効用とは何かを考えてみます。これは次のように定義されます。

> **定義 5.1　効用と選好**
> - 効用（utility）とは、個人が多数の行動の一つを選択するときそれを最大にしたいと望むものである。
> - 選好（preference）とは選択の結果である。

いささか古めかしいですが、これがジョン・フォン・ノイマンとオスカー・モルゲンシュタインらによる効用理論からの定義です [144]。彼らはゲーム理論の業績で有名ですが、効用理論も人工知能や認知科学において重要な研究です。

フォン・ノイマンらは、効用を相対関係からどちらかを選択する指標として定義しています。つまり、順序のみが重要であり、基準点はなく数量的なものでもありません。このままでは抽象的で扱うことができないので、選好関係を数量的な関数で表したものとして効用関数を考えます。

効用関数は以下のように定義されます。

> **定義 5.2　効用関数**
>
> 状態 S の選好は実数値関数 $U(S)$ で捉えられる。つまり、
>
> - $U(S_i) > U(S_j)$ なら、S_i を S_j より好む
> - $U(S_i) = U(S_j)$ なら、二つの状態 S_i と S_j の違いは感じない（無差別であるという）
>
> となる。このとき $U(S)$ を効用関数と呼ぶ。

合理的な人間の行動を考えます。可能な行動が、$A, B, C, \ldots$ であるとき人間はどのようにするでしょう？　通常は期待効用（EU）を最大にする行動を選択します。ここで行動 A を実行したときの期待効用は、

$$EU(A) = \sum_i P(Res_i(A)) \cdot U(Res_i(A)) \tag{5.1}$$

のようになります。ここで $Res_i(A)$ は、行動 A を実行したあとの可能なすべての状態を表します。$P(Res_i(A))$ はそのような状態になる確率です。同じようにして、$EU(B), EU(C), \ldots$ を計算して、その中で最大の行動を選択すればいいのです。

では、どのようなときに効用関数を使えるのでしょうか？　これについてはフォン・ノイマンとモルゲンシュタインタインらが数学的に詳しく研究しています。ここで状態の選好を以下のように記述します。

- $A \succ B$：A が B よりも好まれる
- $A \sim B$：A と B は無差別である
- $A \succeq B$：A が B よりも好まれるか、または A と B は無差別である

このとき、以下の六つの公理が満たされているような場合を考えます。

> **定義 5.3** **合理的なエージェントの公理**
>
> 比較可能性　$(A \succ B) \vee (B \succ A) \vee (A \sim B)$
>
> 推移性　$(A \succ B) \wedge (B \succ C) \Longrightarrow (A \succ C)$
>
> 連続性　$(A \succ B \succ C) \Longrightarrow \exists p [p, A; 1-p, C] \sim B$
>
> 代替可能性　$(A \sim B) \Longrightarrow [p, A; 1-p, C] \sim [p, B; 1-p, C]$
>
> 単調性　$(A \succ B) \Longrightarrow (p \geq q \iff [p, A; 1-p, B] \succeq [q, A; 1-q, B])$
>
> 分解可能性　$[p, A; 1-p, [q, B; 1-q, C]] \sim [p, A; (1-p)q, B; (1-p)(1-q), C]$

確率 p で X を、確率 $1-p$ で Y を選ぶことを、$[p, X; 1-p, Y]$ と書きます。確率 p, q, r で X, Y, Z を選ぶことは $[p, X; q, Y; r, Z]$ と表されます ($p+q+r=1$)。この公理が満たされるときは、以下のような実数値効用関数 U が存在することが示せます。

$$U(A) > U(B) \iff A \succ B$$
$$U(A) = U(B) \iff A \sim B$$

合理的なエージェントの公理をより詳しく説明しましょう。順序性はすべての状態について優劣関係か無差別かが決められることです。推移性からは、A と B、および B と C が無差別であるなら、A と C も無差別でなくてはならないことがわかります。また連続性は、A が B より好まれるなら、ある実数 $\alpha \in [0, 1]$ があって αA（確率 α で A を選ぶこと）と B が無差別になることを意味します。

合理的なエージェントの公理には以下のような性質もあります。

独立性　$A \sim B$ なら、どのような確率 α でも、$\alpha A \sim \alpha B$ である。

希求性　$\alpha_1 > \alpha_2$ なら $\alpha_1 A \succ \alpha_2 A$ である

合成性　$\alpha A \sim B$ であり、かつ $\alpha = \alpha_1 \cdot \alpha_2$ なら、$\alpha_1 \alpha_2 A \sim B$ である。

のちに見るように、必ずしも実際の状況では合理的なエージェントの公理は満たされません。たとえば 5.5 節では推移性が成り立たない例について考察しま

す。しかしさしあたって実数値の効用関数が存在する（公理が満たされる）と仮定してその利用法を見ていきましょう。

5.2 限界効用逓減の法則：快楽や幸福をもたらす行為は善か？

効用関数の代表的なものとして、ベルヌーイが想定した対数関数[*2]があります。**図 5.1** にこの効用関数の例 $U(x) = k\log(x)$（ただし $k > 0$）を示します。これは、次の精神物理学の法則に基づいたものです（**図 5.2**）。

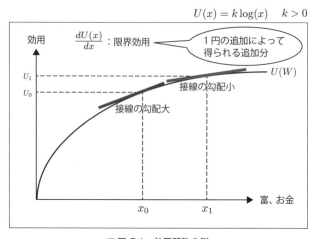

■ 図 5.1：効用関数の例

定理 5.1　ウェーバー・フェヒナーの法則
　　　　　心理的な感覚は、刺激の強度ではなく、増加量の対数に比例して知覚される

つまり、刺激の強さが 10、100、1,000 倍となっても感覚は対数的に感じます。たとえば、100 円もらったときの喜びは、手元に 10 円あるときと 10 万円あると

[*2] フォン・ノイマン–モルゲンシュテルン効用指数とも呼ばれる。

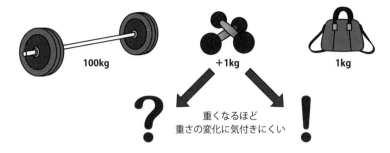

■ 図 5.2：ウェーバー・フェヒナーの法則

きでは異なります。ここで効用関数 $U(x)$ の x での接線の勾配 $\frac{dU(x)}{dx}$ を考えてみましょう。これは一単位（日本円を考えているなら 1 円）の増加分によって増える効用です。これを限界効用といいます。

図 5.1 からわかるように、$x_0 < x_1$ であるなら、x_0 での勾配の方が x_1 での勾配よりも大きくなります。これは、金額が大きくなるほど、限界効用は小さくなることを意味しています。つまり同じ額のお金をもらったときには、自分が持っている金額が小さいほど効用の増分が大きく、喜びも大きいということです。このことは、log 関数のみならず、上に凸（凹型）の効用関数では常に成り立ちます。これを限界効用逓減の法則と呼びます。

定理 5.2　限界効用逓減の法則

効用関数が上に凸型であるなら、金額が大きくなるほど、限界効用は小さくなる

効用関数としては log 関数以外に他の形式を用いることもあります。たとえば、以下のような関数を用いることがあります（**図 5.3** 参照）。

$$U(x) = 1 - e^{-x/\lambda} \quad (ただし \lambda > 0 とする) \tag{5.2}$$

$$U(x) = \begin{cases} \sqrt{x} & x \leq 0 のとき \\ -|x|^{\frac{2}{3}} & x < 0 のとき \end{cases} \tag{5.3}$$

式 (5.2) は上に凸（= 凹）型なので、限界効用逓減になっています。一方、式 (5.3) は限界効用逓減ではありません（後述する図 6.4 も参照）。

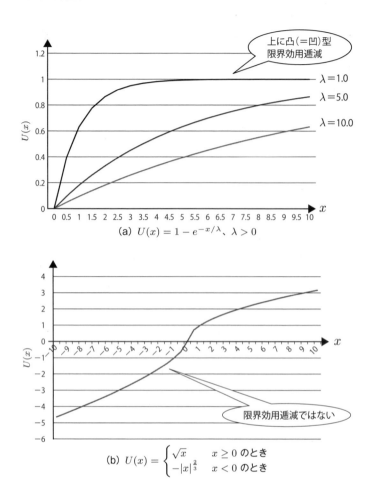

■ 図 5.3：効用関数の他の例

では、効用関数が上に凸型のときに合理的な人間がリスクにどのように対処するかを見てみましょう。**図 5.4** (a) の W^* を現状態（現在持っている資産総額）とします。当然、$U(W^*)$ が現在の効用の値です。ここで次のような 2 種類の賭けを考えてみます。

賭け 1 五分五分の確率で、h 円を得るか、h 円を失う

つまり、この賭けの期待効用は $U^h(W^*) = \frac{1}{2}U(W^* + h) + \frac{1}{2}U(W^* - h)$

5.2 限界効用逓減の法則：快楽や幸福をもたらす行為は善か？

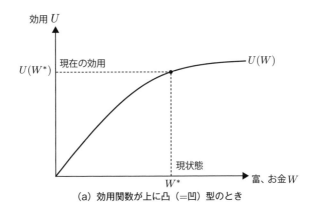

(a) 効用関数が上に凸（=凹）型のとき

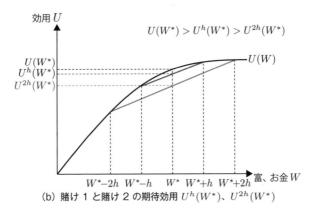

(b) 賭け1と賭け2の期待効用 $U^h(W^*)$、$U^{2h}(W^*)$

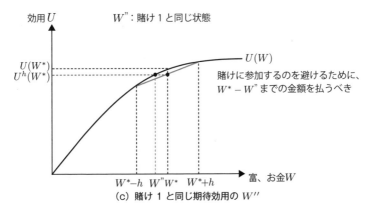

(c) 賭け1と同じ期待効用の W''

■ 図 5.4：リスク回避の効用関数

賭け2 五分五分の確率で、$2h$ 円を得るか、$2h$ 円を失う

つまり、この賭けの期待効用は $U^{2h}(W^*) = \frac{1}{2}U(W^* + 2h) + \frac{1}{2}U(W^* - 2h)$

図 5.4（b）からわかるように、効用関数が上に凸（＝凹）型のときには、

$$U(W^*) > U^h(W^*) > U^{2h}(W^*) \tag{5.4}$$

です。一般には、h が大きくなるほど、賭けの期待効用は小さくなります。したがってこの種の効用関数では、賭けがあるような状態よりも現状を好み、かつ大きな賭けよりも小さな賭けを好むことがわかります。つまり、合理的な人間であれば賭けを避ける行動をとることから、リスク回避型と呼ばれています。図 5.4（c）には、リスク回避型（上に凸）の効用関数に対して、現状態（W^*）と賭け1の効用値 $U^h(W^*)$ が書かれています。ここで W'' は効用値が賭け1と同じであることに注意してください。$W^* - W''$ までの金額であるなら、賭けに参加するのを避けるために払った方がいいことがわかります。5.4 節で詳しく説明するように、これが多くの人が保険に入る理由です。

次に、効用関数が下に凸型のときを考えてみます（**図 5.5**）。このときは同じように計算すると、

$$U(W^*) < U^h(W^*) < U^{2h}(W^*) \tag{5.5}$$

となります。つまり現状よりも賭けに出た方の期待効用が高くなり、かつ賭けの額が大きいほど良くなります。したがって、リスク追求型です。

以上をまとめると、合理的な人間の行動はリスクを好むか、嫌うかにより三つのタイプに分かれます（**図 5.6**）。これは効用関数が上に凸か、下に凸か、線形かによって決まります。それぞれ、リスク追求、リスク回避、リスク中立となっています。

5.2 限界効用逓減の法則：快楽や幸福をもたらす行為は善か？

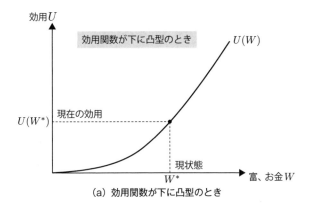

（a）効用関数が下に凸型のとき

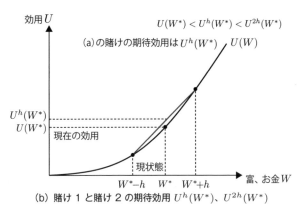

（b）賭け1と賭け2の期待効用 $U^h(W^*)$、$U^{2h}(W^*)$

■ 図 5.5：リスク追求の効用関数

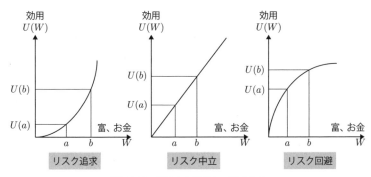

■ 図 5.6：リスクを好むか、嫌うか？

5.3 賭けにどう対処するか？

本節では賭けに対してどう対処するかを考えてみます。これは単にギャンブルだけではなく、人工知能や経済学においても重要な課題となっています。

そもそも賭けとは何でしょうか？最も単純な賭けの一つとして、2 レバー・スロットマシン[*3]を考えてみましょう。図 5.7 にあるような 2 本のレバー（R、L）を持つスロットマシンを考えます。これは次のような問題設定です。

> **2 本腕の山賊問題**
> 1. R と L に対して異なる支払い率（pay-off rate）に従って賞金が支払われる。これらは各々平均 μ_R、μ_L、分散 σ_R^2、σ_L^2 とする。
> 2. $\mu_R > \mu_L$ なのか $\mu_R < \mu_L$ なのかは事前に不明である。
> 3. 全体の賭けの回数を N とする。
>
> この条件下でどのように R と L の腕に賭けていくのが最も得策だろうか？

多腕山賊問題は、上と同じように N 本のレバーのスロットマシンとして定義されます。

このとき二つの局面を考慮する必要があります。

> **Exploration（調査）** $\mu_R > \mu_L$ なのか $\mu_R < \mu_L$ なのかを決定する。
> **Exploitation（利用）** 上の決定に従って支払い率の良いレバーに賭ける。

この問題では N が有限であるためにジレンマに陥ります。Exploration（調査）が多すぎると局所的な探索となり、ノイズに弱く、支払い率の誤差（分散）に適応しにくくなります。一方 Exploitation（利用）を多くしすぎると、調査で得られる有益な情報を無視してしまい、儲けるチャンスを失ってしまいます。

[*3] 英語では、2-armed bandit prolblem と呼ぶ。文字どおりには 2 本腕の山賊問題である。スロットマシンのギャンブルでお金を巻き上げられることからこの呼び名がついている。

5.3 賭けにどう対処するか？

■ 図 5.7：2 レバー・スロットマシン問題

近年、ゲームのモンテカルロ木探索[*4]に盛んに用いられる UCT アルゴリズムでは、UCB 値が多腕山賊問題の近似的解法のために利用されています。UCB 値 (Upper Confidence Bound) は次のように定義され、有望な手の判断にこの値を使います。

$$\text{UCB 値} = \frac{\text{注目しているノードで勝った数}}{\text{注目しているノードに割いたプレイアウト数}} \\ + c\sqrt{\frac{2\log(\text{全プレイアウト数})}{\text{注目しているノードに割いたプレイアウト数}}} \quad (5.6)$$

c はユーザが与える定数です。この式の第二項はプレイアウト[*5]が少ないほど大きくなります。一方第一項は悪い手であるほど小さくなります。そのため、プレイアウト回数が少なくて運悪く負けた場合には評価値が下がり、本当は有望な手が残されているのにそれ以上プレイアウトをしなくなるという問題を回避できます。UCB 値は、調査（式 (5.6) の第 2 項）と利用（第 1 項）のトレードオフを表現する評価値の一つとして考えられます。つまり、どの手が好手でどの手が悪手なのかを見極めつつ、好手により多くのプレイアウトを割くようになってい

[*4] ある局面における手をその局面から乱数を用いて終局させたときの勝率によって評価する。局面の評価関数を一切必要としないという特長がある。囲碁などのコンピュータゲームの世界で採用され成功している。詳細は文献 **[10]** を参照されたい。

[*5] ランダムに合法な手を選んでゲームを行い終局させること。

ます。UCB 値を用いることで、ある条件下で最適に近い選択をすることができます[*6]。

では、実際にスロットマシンの実験をしてみましょう。ここでは、2 レバーと 5 レバーのスロットマシンにおいて、1,000 枚のコインが与えられたとして各レバーを選んで引くことでの総額賞金を求めます。ただし得られた賞金を再びつぎ込むことはしません（つまり 1,000 回の試行で終わる）。このとき、各レバーの賞金の平均と分散をさまざまに変えてみます。各レバーを $i = 1, 2, \ldots$ とし、（どれかのレバーを選んで）n 回までスロットを回したときまでのレバー i の賞金総額を $Q_n(i)$ とします。n_i はレバー i をそれまでに引いた回数です。当然ながら、$n_1 + n_2 + \cdots = n$ となります。j 回目にレバーを回したときの、レバー i の賞金を $r_j(i)$ とします（ただし $0 \leq j \leq n_i$）。また上の定義から $Q_n(i) = \sum_{k=1}^{n_i} r_k(i)$ が成り立ちます。

比較する戦略は以下のとおりです。

1. ランダムにレバーを選ぶ。
2. 欲張り法：最も高い賞金平均額 $\frac{Q_n(i)}{n}$ を持つレバー i を次に引く。
3. ε 欲張り法：欲張り法と同じだが、確率 ε でレバーをランダムに選択する。本実験では $\varepsilon = 0.01$ とした。
4. UCB1 法：UCB 値としては以下を用いる。ただし、n_i はレバー i をこれまでに引いた回数である。
$$\text{UCB 値} = \frac{Q_n(i)}{n_i} + \sqrt{\frac{2 \log n}{n_i}}$$
5. 改良 UCB1 法：UCB 値として以下を用いる。
$$\text{UCB 修正値} = \frac{Q_n(i)}{n_i} + \sqrt{\frac{c \log n}{n_i}}$$
ただし、
$$c = \min\left[\frac{1}{4}, \hat{\sigma}_i^2(n) + \sqrt{\frac{2 \log n}{n_i}}\right]$$
である。$\hat{\sigma}_i^2(n)$ は分散の推定値である。たとえば母分散の不偏推定量として、

[*6] n 回の試行において、各回に最良のレバーを選んだときからの損失が $O(\log(n))$ に抑えられる。ただし、賞金が $[0, 1]$ の範囲であるなどの制約が課される。この条件下では、どのようなアルゴリズムも UCB 値を越えられないことが示されている [90]。

$$\hat{\sigma}_i^2(n) = \frac{1}{n_i - 1} \sum_{j=1}^{n_i} \left(r_j(i) - \frac{Q_n(i)}{n_i} \right)^2$$

のように計算する。この方法は、実用的には UCB1 法よりも性能が良いとされるが理論的な保証はない。

まず最初にスロットが 2 本のときを考えましょう。それぞれの賞金の平均額を 0.10、0.05 とし、賞金の分散値は二つとも同じ 0.20 とします。このときの典型的な実行例を**図 5.8** に示します。ここでは全体の賭けの回数 N(試行回数の最大値)を 1,000 としています。(a) は試行回数ごとの平均賞金額です。最終的には、UCB1 と改良型 UCB1 が良い成績となっています。一方、欲張り法や ε 欲張り法はほとんどランダムな選択と変わりません。これは分散値に惑わされて、最適スロットの選択がうまくできないことを示しています((b) 参照)。スロット数を 10 に増やすと、このことがよりはっきりとわかります。

図 5.9 は、10 本のスロットの平均賞金額を 0.10、0.05、0.05、0.05、0.02、0.02、0.02、0.01、0.01、0.01 とし、賞金の分散値をすべて 0.20 とした実験結果です。この場合には最初のスロットのみが最適となっています。図 5.9 を見ると、200 回の試行を越える頃には、UCB1 と改良型 UCB1 は、的確に最適なスロットを選択していることがわかります。それに対して、欲張り法ではランダム以下の成績となっています。

表 5-1 はこれらの実験を 50 回繰り返した平均値を示しています。灰色で一番成績の良い手法を強調して示しています。この表から UCB1 と改良型 UCB1 法の優位さがわかります。

一方、常に UCB1 が良いとは限りません。条件によっては欲張り法の方が良い場合もあります。たとえば、表 5-1 と **表 5-2** は、それぞれスロット数が 2 および 5 のときのさまざまな賞金の平均値・分散値での実験結果です(賭けの回数 $N = 1,000$、繰り返し数 50)。分散値や平均値が同じときには、多くの場合に欲張り法の成績が良くなっています。また、賞金の平均値が偏っていて、極端に良いのがあると、欲張り法はうまくそれを見つけるようです。平均値が同じならランダムや欲張法がうまくいくのに対して、UCB1 では分散を学習しきれないこともあります。ただしどの手法も成績にそれほど差がありません。

第5章 効用と多目的最適化

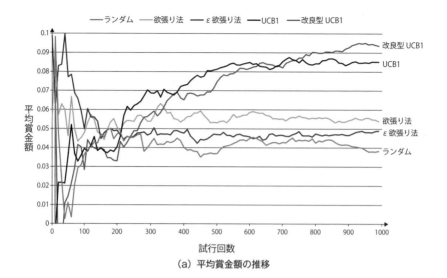

(a) 平均賞金額の推移

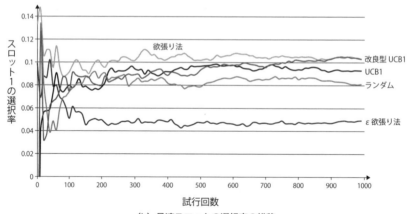

(b) 最適スロットの選択率の推移

■ 図 5.8：2 スロット（正規分布型）

5.3 賭けにどう対処するか？

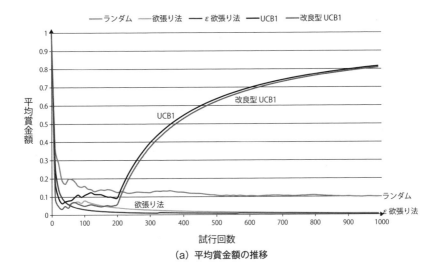

(a) 平均賞金額の推移

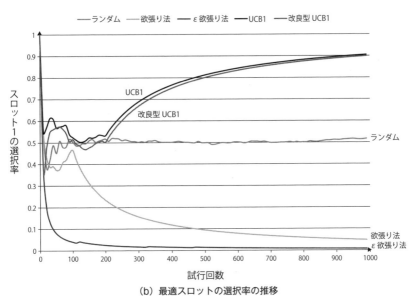

(b) 最適スロットの選択率の推移

■ 図 5.9：10 スロット（正規分布型）

第5章 効用と多目的最適化

■ 表 5-1：正規分布型の賞金（スロット数 2）

賞金の平均	0.0, 5.0	0.0, 5.0	0.0, 5.0	5.0, 5.0
賞金の分散	10.0, 40.0	40.0, 10.0	10.0, 10.0	40.0, 10.0
	高リスク・高リターン	底リスク・高リターン	分散値が同じ	平均値が同じ
ランダム	2,382.234993	2,466.161786	2,501.014429	5,033.96115
欲張り法	3,590.420261	4,544.600735	4,745.431955	4,995.128383
ε 欲張り法	3,098.290123	4,783.067266	4,744.443555	5,015.799637
UCB1	4,304.636240	4,821.753778	4,760.705372	5,006.838874
改良型 UCB1	4,478.568354	4,807.838191	4,776.344278	4,996.441438

■ 表 5-2：正規分布型の賞金（スロット数 5）

賞金の平均	0.0, 2.0, 2.0, 1.0, 1.0	0.0, 2.0, 2.0, 1.0, 6.0	1.0, 1.0, 1.0, 1.0, 1.0	1.1, 1.2, 1.3, 1.4, 1.5
賞金の分散	10.0, 1.0, 2.0, 1.0, 2.0	10.0, 1.0, 2.0, 1.0, 2.0	10.0, 2.0, 3.0, 4.0, 5.0	1.0, 1.0, 1.0, 1.0, 1.0
	賞金分散に偏り	賞金平均に偏り	平均値が同じ	分散値が同じ
ランダム	1,200.164188	2,189.213874	999.646251	1,299.583166
欲張り法	1,828.578583	5,595.396152	1,002.104703	1,367.964301
ε 欲張り法	1,895.622982	1,968.515276	1,000.613158	1,123.039962
UCB1	1,930.462162	1,919.132855	997.706195	1,119.840872
改良型 UCB1	1,929.266064	1,962.263051	999.876270	1,118.288329

■ 表 5-3：正規分布型の賞金

スロット数	2 本	10 本
賞金の平均	0.10, 0.05	0.10, 0.05, 0.05, 0.05, 0.02, 0.02, 0.02, 0.01, 0.01, 0.01
賞金の分散	分散値は同じ 0.20	分散値は同じ 0.20
ランダム	75.335725	34.405275
欲張り法	91.970039	67.387339
ε 欲張り法	85.579438	73.442488
UCB1	94.317254	77.593354
改良型 UCB1	95.036724	85.177174

また別のタイプの報酬として、ベルヌーイ型を考えてみましょう（3.1 節参照）。これは各レバー i に確率 μ_i が定義されていて、確率 μ_i で報酬 1 がもらえ、確率 $1 - \mu_i$ で報酬がないという方式です。この報酬はオンライン広告のクリックのモデル化と考えられます。この場合それぞれのレバーは各広告になり、ユーザが閲覧することはスロットマシンへの試行です。また報酬はクリックに相当し、総クリック数を最大にするような広告を選択する問題になります。この結果を**表 5-4**に示します。この場合には ε 欲張り法の優位さが目立ちます。単なる欲張り法ではそれほど成績が良くないことも注目に値します。UCB1 は単純な欲張り法よりは優れていますが、正規分布型の報酬のとき（**表 5-3** 参照）ほど良くはありませんでした。

■ 表 5-4：ベルヌーイ型の賞金

スロット数	2 本	10 本
賞金の平均	0.10, 0.05	0.10, 0.05, 0.05, 0.05, 0.02, 0.02, 0.02, 0.01, 0.01, 0.01
ランダム	74.405	33.735
欲張り法	90.31	72.62
ε 欲張り法	100.39	100.1
UCB1	95.635	79.965
改良型 UCB1	94.96	81.805

以上の結果をまとめてみましょう。最も単純な方法である、欲張り法が多くの問題で良い成績を残していることは驚くべきことです。UCB1 法はスロットの分散に敏感であることから、高分散の賞金額に対処できています。UCB1 法は他の方法に比べて収束は遅くなりますが、得られる成績は良くなっています。UCB1 法は少数のスロットや高分散の賞金のときに優れていますが、スロット数が大きくなると成績は劣化します。また、賞金が正規分布型のときは他の分布（たとえばベルヌーイ型など）よりも成績が良くなります。これは、正規分布では最良のスロットが他のスロットからうまく分離されるからでしょう。

スロットマシンの問題は統計的決定理論と適応制御の分野で広範囲にわたり研究されています **[93]**。たとえば、ジョン・ホランド（John Holland）は遺伝的ア

ルゴリズム（GA）がどのように個体をスキーマ[*7]に配分するのかの数学的なモデルとして、スロットマシン問題を用いました [112]。これは進化計算の理論的な基礎の一つとなっています。ホランドは、解析的な分析によって、2レバー・スロットマシン問題に対する一つの最適戦略を示しました。それは、試行により情報が得られるにつれ、良さそうなレバーを試す確率を悪そうなレバーを試す確率に比べ指数関数的に増やしていく方策です。このことが GA におけるスキーマ・サンプリングにも当てはまります。ホランドのスキーマ定理による主張では、GA では準最適なスキーマが暗黙のうちにサンプルされ、その結果オンライン評価の最適化につながるとされています。

進化経済学は複雑適応系に基づいて経済を研究する分野であり、進化論や生物学の考えから経済的活動を説明するものです。収益逓増と経路依存性がこの分野のキーワードです [1]。これは経済における正のフィードバック、勝ち馬効果[*8]のことです。経済学者・ブライアン・アーサー（Brian Arthur）は、経済は複雑系であり、多数のエージェントの相互作用で動いていると考えました。従来の経済学では、アダム・スミスによる「神の見えざる手」によって需要と供給における全体的な均衡が存在し、それに従って経済が安定する、というのが常識でした。しかしながら近年の株価や金融の動向を見ればそれが成り立たないのは明らかです。均衡点など存在せず、あるきっかけで全体が一つの方向に動き始め、どのようにしても止められないことがあります。これが収益逓増です。

また、技術選択の経路依存性とは、ある技術の選択が技術自体の優劣とは無関係に偶然によって決まり、いったん技術が決定された後[*9]はそれから逃れられなくなることをいいます。たとえその技術の欠点が明らかになったとしても、移行コストが大きいからです。

有名な例としては QWERTY キーボード配列があります [100]。われわれが利用するキーボードの英語表記の一番左上の行は、QWERTY となっています。これは英語の単語入力としては最適ではありません。なぜこのようになっているの

[*7] 遺伝子の集団に保持される部分構造のこと。GA や GP の探索はスキーマを交叉により組み合わせて進行する。
[*8] バンドワゴン効果とも呼ばれる。ある戦略が流行しているという情報が流れることで、その戦略への支持が一層強くなる現象のこと。金融市場では、相場の流れに人々が便乗した結果、為替レートが異常なほど一方向に動くことを指す。
[*9] これをロックインと呼ぶ。

でしょうか*10？

　一つの説は、タイプライターの黎明期（19世紀末ごろ）にタイプを打つ速度を落としてアームの衝突を防いだためとされています。当時の繊細な機械のアームは早すぎるタイピングでは干渉して壊れてしまいました。そのため、使用頻度の多いE、A、Sが打ちにくいポジションにわざと置かれました。

　これに対抗して、1930年代にはワシントン大学のオーガスト・ドヴォラック（August Dvorak）が、より効率的に入力できるキーボードDSK配列（the Dvorak Simplified Keyboard）を開発しました（図5.10 (a)）。より合理的な配置として、ホームポジション*11に使用頻度の高い文字を配置して余分な指の動きをなくしました。実際、DSK配列の方が学習率も高く、かつ習得してからのタイピング速度では2割以上早くなるという報告もありました [132]。図5.10（b）と（c）には実際にキーボードをタイプしたときのぎこちない動きをビデオ記録から記述したものです（図の高さは頻度を表す）。DSK配列はQWERTY配列の10分の1程度となっています。

(a) DSK配列

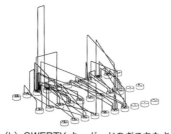

(b) QWERTYキーボードのぎこちなさ　　(c) DSK配列のぎこちなさ

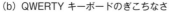

■ 図5.10：Dvorak Simplifiedキーボード [132]

---

*10　同じような経路依存性の例として、ビデオテープの規格であるVHSとβ仕様がある。若い読者には馴染みがないので詳細は省略するが、詳細は文献 [7] を参照されたい。

*11　各指の所定の配置のこと。通常QWERTY配列ではASDF（左手：小指から人差し指に向かって）、JKL;（右手：人差し指から小指に向かって）となる。

ところが 1882 年に現在の配列が提案されてから、QWERTY 配列の一人勝ちです。これはなぜでしょうか？ その理由として考えられるのは、QWERTY 側がタイピング学校の創設をしてタイピストを訓練したことです。その結果多くの企業は QWERTY の訓練を受けたタイピストを雇うようになりました。一方で、DSK 配列のキーボードに彼らを再訓練するのは高くつきます。それがますます QWERTY 型のタイプライターの生産を促し、かつそれを使用するユーザを生んだのです。アップル社が 1984 年に発売した Apple II シリーズでは、ビルトインスイッチとして、QWERTY から DSK 配列のキーボードに切り替えるような仕様になっていましたが、効果がありませんでした。

このように、何かのはずみで一方が選択されたら、それが本当に良いかどうかわからなくても、雪崩的な収益逓増によって止めることはできなくなってしまうことがあります。こうした選択現象を数理的に解析するのに、スロットマシン問題が利用されています。

5.4 なぜ人間は賭けを好み、保険に入るのか？

人はなぜ保険に入るのかを考えてみましょう。リスク回避型の効用関数であれば、（公平な）賭けを常に避けることになります。前述のように、この場合限界効用逓減となり、賭けを避けるために一定の金額を払うこともあります。

1,000 万円の財産を持っている人を考えます。この人が 200 万の車を購入します。統計的に 25% の確率で事故・盗難に遭うとしましょう。この人が、フォン・ノイマン–モルゲンシュテルン効用指数 $U(W) = \log(W)$ に従うとします。このとき、期待効用を求めてみると、以下のようになります[*12]。

$$\begin{aligned} E(U) &= 0.75 \times U(10{,}000{,}000) + 0.25 \times U(8{,}000{,}000) \\ &= 0.75 \times \log(10{,}000{,}000) + 0.25 \times \log(80{,}000) \\ &= 6.9757 \end{aligned} \tag{5.7}$$

第一項は事故・盗難に合わない場合で、第二項は事故・盗難に遭い、財産が目減りしたことを示します。

[*12] log の底は 10 としているが、他の値、たとえば自然対数の底でも同様の議論ができる。ただし得られる金額の絶対値は異なる。

この状況では、公平な保険のプレミアム（保険料）は、50万円（= 200万の25%）です。ただし、リスク回避型であれば賭けを避けるためには50万円以上でも払うはずです。では、いくらまでなら払うべきでしょうか？これを求めるには、効用値を払った分だけマイナスして考える必要があります。いま保険料を x 円だとします。すると、その効用は $E(U) = U(10{,}000{,}000 - x) = \log(10{,}000{,}000 - x)$ ですが、この値が式 (5.7) の 6.9757 と等しくなるのが x の最大値です。したがって、

$$10{,}000{,}000 - x = 10^{6.9757}$$

$$x = 542{,}583.91$$

となり、最大の保険料は、約 54.26 万円となります。よってこの値以下であれば保険料を払うべきです。

リスク回避型（上に凸）の効用関数であっても、その回避の度合いは関数によって異なります。その度合いを評価するため、相対的リスク回避度を表す Arrow-Pratt 測度が用いられます[*13]。

定義 5.4　Arrow-Pratt 測度

$$r(w) = -\frac{U''(w)}{U'(w)} = -\frac{U''(w)}{w\text{ での期待効用}} \tag{5.8}$$

$U'(w), U''(w)$ はそれぞれ、富（お金）w での効用関数の一階微分（勾配、図 5.1 参照）および二階微分 ($\frac{d^2 U(w)}{dw^2}$) を表します。Arrow-Pratt 測度が大きいほど、リスク回避の度合いが大きくなります。リスク回避型の場合には上に凸なので、$U''(w) < 0$ であることに注意してください。一般に、$r(w)$ はリスク回避型の効用関数では正になります。

富の増加とともにリスク回避が減るというのは必ずしも正しくありません。確かに、限界効用逓減による損失は、富が多いほど問題でなくなります。しかしながら、限界効用逓減によって賭けに勝つことによる利得の魅力も同じように失われます。そのためリスク回避の様子は効用関数の形に依存します。

では、いくつかの効用関数でこのことを確かめてみましょう。

[*13] 経済学者のケネス・アローとジョン・プラットによる。

- 効用関数が富の 2 次関数のとき：

$$U(w) = a + bw + cw^2 \quad \text{ただし、} b > 0 \text{ かつ } c < 0 \tag{5.9}$$

Arrow-Pratt 測度は、

$$r(w) = -\frac{U''(w)}{U'(w)} = \frac{-2c}{b + 2cw} \tag{5.10}$$

よって、リスク回避は富とともに増える。

- 効用関数が富の対数関数のとき（フォン・ノイマン–モルゲンシュテルン効用指数）：

$$U(w) = \ln(w) \quad \text{ただし対数の底は自然対数とする} \tag{5.11}$$

Arrow-Pratt 測度は、

$$r(w) = -\frac{U''(w)}{U'(w)} = \frac{1}{w} \tag{5.12}$$

よって、リスク回避は富とともに減る。

- 効用関数が富の指数関数のとき：

$$U(w) = -e^{aW} \quad \text{ただし、} a > 0 \tag{5.13}$$

Arrow-Pratt 測度は、

$$r(w) = -\frac{U''(w)}{U'(w)} = \frac{a^2 e^{-aw}}{a e^{-aw}} = a \tag{5.14}$$

よって、リスク回避は富とは独立で一定である。

以上からわかるように、賭けを避けるのにお金を払うか否かは、富の大きさと独立ではないようです。むしろ富とは反比例するかもしれません。そもそも、人間にとって適当な効用関数は存在するのでしょうか？どんなときに対数や平方根を用いるべきなのでしょうか？このように効用関数では測りきれない人間の行動への疑問が出てきて、より人間心理に基づいた理論の構築が求められるようになりました（その詳細については次章で説明します）。

5.5　推移律の謎：多数決は民主的か？

3 人の学生（A、B、C）が暇つぶしに、

- 映画

- TV
- カラオケ

のどれをするかを相談しているとします。ここで各人の優先順位を次のようにしましょう。

A の好み　映画 ≻ TV ≻ カラオケ
B の好み　TV ≻ カラオケ ≻ 映画
C の好み　カラオケ ≻ 映画 ≻ TV

そこで民主主義的に多数決で何をするかを決めることにします。まず「映画」と「TV」で決をとると、

　　　　　　映画が TV より良い：A と C
　　　　　　TV が映画より良い：B
　　　　　∴ 映画（2 票）≻ TV（1 票）

となり「映画」の方がいいことになります。そこで次に「TV」と「カラオケ」の決をとると、

　　　　　　TV がカラオケより良い：A と B
　　　　　　カラオケが TV より良い：C
　　　　　∴ TV（2 票）≻ カラオケ（1 票）

となり「TV」の方がいいことになります。以上の結果から、

　　　　　　　　映画 ≻ TV ≻ カラオケ

という優劣が定まり、「映画」に行くことになるでしょう。ところが、ここで「映画」と「カラオケ」の決をとると、

　　　　　　映画がカラオケより良い：A

カラオケが映画より良い：BとC

∴ カラオケ（2票）≻ 映画（1票）

となり「カラオケ」の方がいいことがわかります。つまり、二つの結果は矛盾します。

ケネス・アロー[*14]はこの結果を一般化し、より人数が多い場合でも深刻な矛盾が生じることを証明しました。これを「一般不可能性定理」と呼びます [34]。たとえば、100人の選好関係を考えた場合、多数決の順序をうまく操作すると次のようにできるのです。

- 何度かの多数決の結果、全体の結論は「x が y より好ましい」となった。
- しかし、「x が y より好ましい」と思っているのは1人しかいない
- 一方、残りの99人は「y が x より好ましい」と思っている。

より詳しくは次のようなことが示されています（以下の記述は [56] をもとにした）。

定理5.3　アローの一般不可能性定理

以下の四つのすべてを満たす「民主的な決定」は存在しない。

1. すべての評価の順序が許される。
2. 市民主権を仮定する。つまり全員が x を y より好むならば x が選択される。
3. 二つの選好順位はその二つのみで決まり、他の要素に影響されない。
4. 独裁者はいない。

このうち3番目の項目は、「無関係な選択肢からの独立性」と呼ばれています。これは当然のように思われますが、時には破られることもあります。たとえば、シドニー・モーゲンベッサー（コロンビア大学・哲学教授、1921-2004）による次

[*14] Kenneth Joseph Arrow（1921-）：アメリカ合衆国の経済学者。1972年、第4回ノーベル経済学賞を受賞。

5.5 推移律の謎：多数決は民主的か？

■ 図 5.11：無関係な選択肢からの独立性

の笑い話が知られています（**図 5.11**）。

> あるときシドニーは、夕食後デザートを注文しました。アップルパイとブルーベリーパイの二つから選べるとウェイトレスに言われ、「アップルを」とシドニーは言いました。数分後ウェイトレスが戻ってきて、「チェリーパイもありました」と彼に伝えました。「それなら、ブルーベリーパイをもらいましょう」とシドニーは答えました。

　この話では何がおかしいのでしょうか？　無関係な選択肢からの独立性が破られているためです。もっともこれが著名な哲学者の言葉でなければ単に無視されたかもしれません。また実際に起こった次のようなケースもあります。1995 年の女子フィギュアスケート・世界選手権では、3 人が滑った後での途中順位が、トップスリーで、1 位：陳露（中国）、2 位：ボベック（米）、3 位：ボナリー（仏）のようになっていました。このあとで、ミッシェル・クワン（米）が演技して 4 位に入りました。すると、1 位：陳露（中国）、2 位：ボナリー（仏）、3 位：ボベック（米）となり、2 位と 3 位が入れ替わりました。ここではジャッジの順位の合算の仕方に問題はなかったとされています **[56]**。

無関係な選択肢からの独立性が破られるのは人間だけではありません。粘菌と呼ばれる微生物で興味深い行動が報告されています **[140]**。粘菌は単体でアメーバ状のまま時速数 cm で移動しますが、何万という細胞が集まってキノコ状の子実体（変形体）に姿を変えることがあります。この変形体は神経伝達系を持たないにもかかわらず、光や餌場（オーツ麦）などさまざまな外界からの情報に反応して統率された行動を示します。その結果、迷路を最短ルートで解いたり、人間が設計するような最適輸送路を構成することが報告されています（**図 5.12**）[*15]。

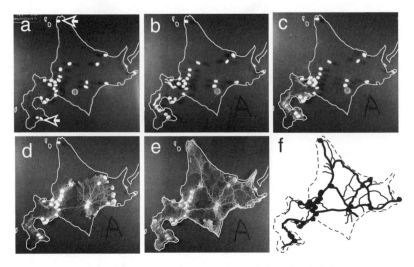

主要都市に対応する点上に餌を置くと粘菌は広がり、餌に接触するとその周りに集まる。しばらくすると餌の周りに集まった粘菌同士はお互いを管状の輸送ネットワークでつなぎ、最終的には主要都市を結ぶ最適なネットワークとなる。

■ 図 5.12：粘菌の問題解決 **[140]**

　この粘菌の変形体に対して、餌であるオーツ麦の 2 種類の与え方を選択させました **[119]**。

- 明るいところの 5g のオーツ麦
- 暗いところの 3g のオーツ麦

[*15] ユーモアあふれて考えさせられる研究に贈られるイグ・ノーベル賞を 2008 年（認知科学賞）と 2010 年（交通計画賞）の 2 回受賞している。

すると粘菌は明るいところを嫌うので、この選択肢を半々で選びました。この二つは同じくらいの効用であったということです。その証拠に明るいところのオーツ麦を 10 g にすると必ずこちらに行くようになりました。ところが、ここで次のような三つの選択肢を与えたところ、奇妙なことが起こりました（**図 5.13**）。

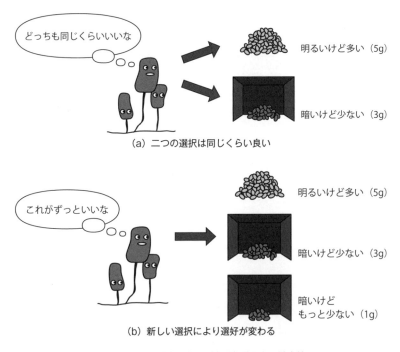

■ 図 5.13：粘菌版：無関係な選択肢からの独立性

- 明るいところの 5 g のオーツ麦
- 暗いところの 3 g のオーツ麦
- 暗いところの 1 g のオーツ麦

この場合でも理性的に考えると上位の二つを半々で選ぶはずです。ところが粘菌は好みを変えて、暗いところの 3 g のオーツ麦を明るいところの 5 g よりも 3 倍以上で選好しました。これは無関係の選択肢からの独立が破綻していることを意味します **[22]**。

民主主義の基本原則であるはずの「多数決」が恣意的に操作可能なことが示さ

れ、この業績などによりアローは第4回ノーベル経済学賞を受賞しました。民主主義の根幹を揺るがすように見えるこの現象は、複数エージェントが集まった社会における非合理性の創発とも考えられます。つまり、各個人が合理的な行動をとっても、社会全体の利益は必ずしも最大にならないかもしれないのです。

民主主義の矛盾については、ニコラ・ド・コンドルセ[*16]による投票パラドクスがよく知られています。

- 3人の候補者 X、Y、Z がいる
- 投票者は60人である
- 投票結果は以下のようであった
  - ・X 23票
  - ・Y 19票
  - ・Z 18票
- Xを選んでいいだろうか？

このとき、

- Xに投票した23人は、すべて $Z \succ Y$
- Yに投票した19人は、すべて $Z \succ X$
- Zに投票した18人は、16人が $Y \succ X$、2人が $X \succ Y$

なら、

- X対Yは25対35、X対Zは23対37 ⇒ 0勝2敗
- Y対Xは35対25、Y対Zは19対41 ⇒ 1勝1敗
- Z対Xは37対23、Z対Yは41対19 ⇒ 2勝0敗

です。よって、$Z \succ Y \succ X$ となり投票結果の逆となります。

一方、

[*16] Nicolas de Condorcet（1743-1794）：フランスの数学者、哲学者、政治家。社会学の創設者。

- X に投票した 23 人は、すべて Y ≻ Z
- Y に投票した 19 人は、17 人が Z ≻ X、2 人が X ≻ Z
- Z に投票した 18 人は、10 人が Y ≻ X、8 人が X ≻ Y

なら、

- X 対 Y は 33 対 27、X 対 Z は 25 対 35 ⇒ 1 勝 1 敗
- Y 対 X は 27 対 33、Y 対 Z は 42 対 18 ⇒ 1 勝 1 敗
- Z 対 X は 35 対 25、Z 対 Y は 18 対 42 ⇒ 1 勝 1 敗

となり、X、Y、Z は三つ巴となります。つまり投票結果からは優劣をつけられないのです。

より数学的に説明が困難な、プライスのパラドクスを紹介しましょう[26]。図 5.14 にある三つのルーレットがあります。この針を回してランダムにどの位置かに止まりそこに書かれた賞金（1〜6 の整数）をもらえるとします。小さい実数値はその部分の面積です。したがって B のルーレットでは、以下のようになります。

- 確率 0.56 で 2 点がもらえる
- 確率 0.22 で 6 点がもらえる
- 確率 0.22 で 4 点がもらえる

このときどのルーレットに賭けるのがいいでしょうか？

すぐわかるように期待値で考えると B が一番良くなります。一方で、A が B に確率 0.56 で勝ち（B が 2 を出すと負ける）、A は C に 0.51 で勝ちます。また、

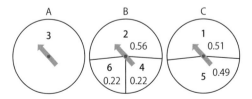

■ 図 5.14：三つのルーレットのどれに賭けるか？

BはCに0.617で勝つので、Cは最悪です。これよりAが最良になります。さらには、三つを同時に回して最高値のものが勝つとすると、Cがベストになります。このように考え方次第で優劣が全く変わることもあります。

本節では、三人の学生の映画、TV、カラオケに対する選好が、集団全体としての多数決に反映しないことを示しました。これは一人の評価者が三つの評価項目で選好したと考えると、複数次元での効用の評価の問題となります。その場合、上で見たように推移性が成り立つとは限りません。次節でこのことを詳しく説明します。

5.6 多目的に見られる創発：パレート最適化への道

これまで見てきたように、効用についてはしばしば推移性が成り立ちません。たとえば、$x \succ y$ かつ $y \succ z$ なのに $z \succ x$ となることがありました。このことは、効用関数を多次元のベクトルと考えると説明がつきます。たとえば今の場合に評価の項目が二つあり、それぞれ単独に考えた場合に u_1, u_2 の効用関数になるとします。このとき図 5.15 のように x, y, z があると仮定します。すると、

$$x \succ_{u_1} y \qquad y \succ_{u_1} z \qquad z \succ_{u_2} x \tag{5.15}$$

が成り立ちます。ここで下付きの数字はその効用関数で評価したことを示します。評価者が尺度の2次元性に気付かずに各々異なる効用関数を無意識的に切り替えたことが非推移性につながったのです **[50]**。このような理論は多次元効用理論と呼ばれています。

多次元効用理論では、多次元空間上に無差別曲線が定義されます。この曲線上の点はどこでも等価値であるという性質を持ちます。たとえば、二つの効用関数から成る2次元空間では図 5.16 のような無差別曲線が描かれます。

二つ以上の相反する効用を同時に最適化することを考えましょう。このようなことはよくあります（図 5.17）。たとえば、車や電気製品を買う場合に、機能とコストは通常相反します。機能は優れているほど良いですが、コストは安いにこしたことはありません。金融ではリターンとリスクの相反が代表例です。資産運

5.6 多目的に見られる創発:パレート最適化への道

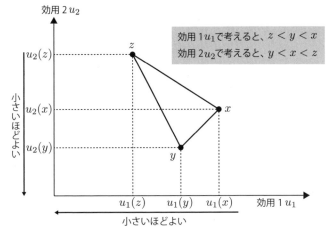

■ 図 5.15:多次元効用関数

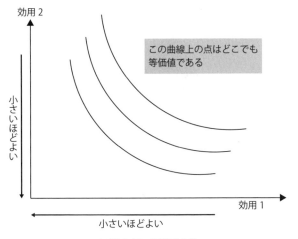

■ 図 5.16:無差別曲線

用や投資におけるリターンとは運用結果として得られる利益のことです。リスクとはその「不確実性」や「振れ幅の大きさ」、つまりある資産が将来利益を得る可能性を指します。一般にリスクとリターンはトレードオフの関係になります。理想的には高いリターンで小さいリスクの金融商品が良いのですが、それほどうまい話はありません。

多くの問題では、リターン対リスクのように複数の効用(目標)を同様に最適化することが必要になります。これを多目的最適化と呼びます。

第 5 章 効用と多目的最適化

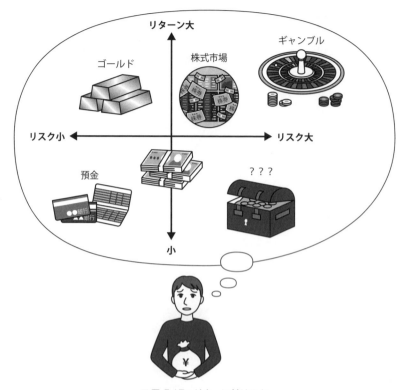

■ 図 5.17：リターン対リスク

　ここで次のような例を考えてみましょう。あなたは家の購入を考えています。家の中では快適に過ごしたいので、断熱性能ができるだけ良いものを探します。断熱性能を良くするには、工法の違い、気密性を上げる、断熱材を変えるなどさまざまな方法があります。これらには各々異なるコストが伴います。また断熱性能も対拠法によって異なるでしょう。今、五つの家のタイプ（A、B、C、D、E）があったとして、各々のコストと断熱性能が以下のようになったとします。

$$A = (2, 10)$$
$$B = (4, 6)$$
$$C = (8, 4)$$
$$D = (9, 5)$$
$$E = (7, 8)$$

ここで第 1 番目の要素がコスト、2 番目の要素が断熱性能[*17]です。これらを **図 5.18** にプロットしました。当然ながら、ここでの目的はコストと断熱性能をともに最小化することです。しかし、この二つを同様に最小化できるとは限りません。つまり、二つの目的を同時に最適化できるわけではないのです。

このような場合に役立つ考え方が、パレート最適性です。ある発生事象がパレート最適解となるのは、すべての評価関数（適合度関数）に対して、それと同程度にあるいはそれ以上に好ましい発生事象が他に存在しない場合です。

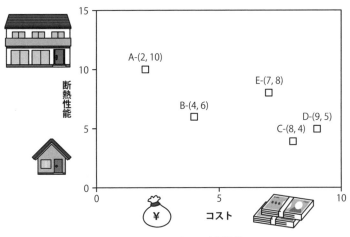

■ 図 5.18：コスト vs. 断熱性能

では前の図をもとに考えてみましょう。ここでは左下の点ほど望ましいことに注意してください。特に A、B、C が良い候補であるように思います。これら三つの候補はどれも両方の次元（効用の評価）に対して最良ではありませんが、逆にすべての評価で自分より優れた候補はありません。このような点は、"優越されていない"と言われます。一方 D、E は劣っています。これは他の点に "優越されている" からです。E は B に優越されています。なぜなら

B のコスト（4）＜ E のコスト（7）

B の断熱性能（6）＜ E の断熱性能（8）

[*17] Q 値（1.2 節の Q 値とは異なる）や C 値などで数値化される。小さいほど良い。

となり、EよりもBの方が両方の評価で良いからです。DもまたCに優越されています。このように考えるとパレート最適なものはA、B、Cとなります。パレート最適という考え方は、候補集合から唯一の候補を選び出すのには使えません。つまりA、B、Cの中のどれが良いかについては結論できません。

より形式的にパレート最適性を定義すると次のようになります。二つの点 $x = (x_1, \ldots, x_n)$ と $y = (y_1, \ldots, y_n)$ が n 次元空間にあるとしましょう。ここでは n 次元空間の各次元がそれぞれ効用（目標）関数を表しています。これらをできるだけ最小化するというのが目的です。このとき x が y に優越する（$x <_p y$ と書く）とは、

$$x <_p y \iff (\forall i)(x_i \leq y_i) \land (\exists i)(x_i < y_i) \tag{5.16}$$

と定義されます。以下では n（異なる効用関数の数）のことを評価の次元数と呼びます。また、他の点に優越されていない点のことを非優越ということもあります。なお、パレート最適解集合により形成される曲線（曲面）のことをパレートフロントと呼びます。

この考えに基づいて、創発現象を多目的最適化に適用することができます。以下ではSchafferらによるVEGA（Vector Evaluated Genetic Algorithm）と呼ばれるシステムに基づいて説明しましょう**[136, 137]**。VEGAでの選択は次のように行われます（**図 5.19** 参照）。ここで評価の次元数（異なる効用関数の数）を n とします。集団全体の数は γ です。

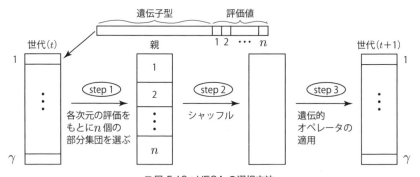

■ 図 5.19：VEGA の選択方法

1. n 個の部分集合を Sub_i $(i = 1, \ldots, n)$ とする。
2. Sub_i には i 番目の評価関数のみを用いて選択した個体を保持する。
3. $Sub_1, Sub_2, \ldots, Sub_n$ を混ぜてシャッフルする。
4. これらの集合に遺伝的オペレータを作用して次世代の子孫をつくり出す。

選択は評価関数ごと（各次元の関数値ごと）に行われていることに注意してください。一方、生殖は部分集団ごとではなく全体で行われます。つまり Sub_i と Sub_j $(i \neq j)$ 内の個体での交叉も行われます。この方法によって各次元で優れた個体を守ると同時に、一つ以上の次元で平均より優れた個体を選択するようにします。

ではここで VEGA による創発を見てみましょう。次のような二つの効用関数の最適化を考えます。

$$F_{21}(t) = t^2$$
$$F_{22}(t) = (t-2)^2$$

ただし、t は唯一の独立変数です。この関数の様子が**図 5.20** に示されています（これをパレート図と呼びます）。VEGA の目標は、図に示したような優越されない点を選び出すことです。

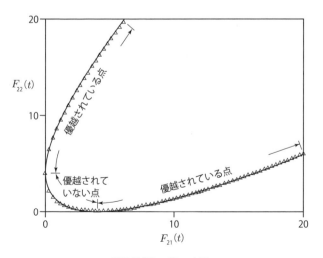

■ 図 5.20：パレート図

図 5.21 に、世代 0 と世代 3 での VEGA の結果を示します。ここでは各次元が 30 個体となるように集団数を設定し、交叉率 0.95、突然変異率 0.01 としました。VEGA による創発は優越されない点の前面（パレートフロント）をうまく見出しています。しかしながらいくつかの中間点は見失っているようです。

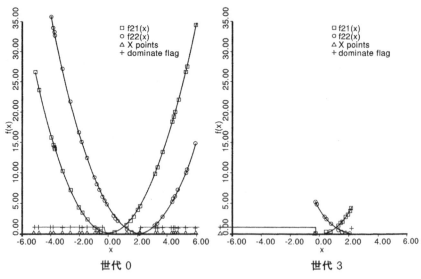

■ 図 5.21：多目的最適化の結果

上の例で見られるように、VEGA の選択には次のような問題があります。淘汰圧は少なくとも一つの次元（評価関数）での極値（**図 5.22** の A と C）を好むように働きます。もしもユートピア個体（すべての次元で優れている個体）が存在するなら、一つの次元のみで優れた親に対する遺伝子作用によってそれを見出せるかもしれません。しかしながら、こうしたユートピア個体は多くの問題で存在しません。このようなときはパレート最適な点を求めることになりますが、このうちのある点はすべての次元で中間となっています（図 5.22 の B）。理想的な GA では、このどちらも、つまり図 5.22 の A、B、C ともに、同じような淘汰圧がかかるのが望ましくなります。ところが、実際には B のような中間の点は VEGA の選択では生き残れません。結果的に、集団内で各次元に特化して優れた「種」が分化するようになります。こうした危険は、パレート最適部分が凹よりも凸である場合により顕著です（図 5.22 参照）。

5.6 多目的に見られる創発：パレート最適化への道

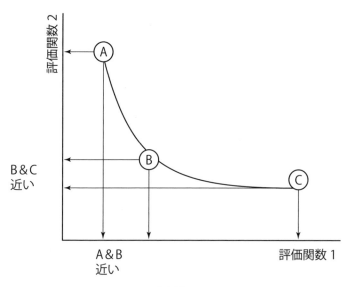

(a) 凹

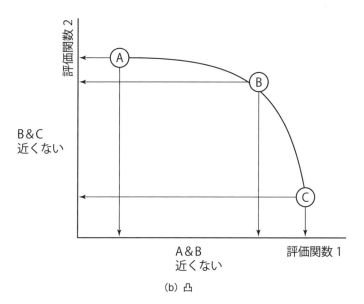

(b) 凸

■ 図 5.22：パレート最適化部分の凹凸

このような困難を解決すべく、二つの改良法が提案されています。一つは、各世代で優越されていない個体に対してヒューリスティックな淘汰圧を余分にかけることです。二つ目は、「種」の間での交配を増やすことです。通常の GA では選択はランダムですが、ユートピア個体が種内よりも種間の交叉で生じやすいためにこの方法は有効です。

パレート最適化を試すための創発シミュレータが提供されています。**図 5.23** はこのシミュレータの実行画面です。赤い（図 5.23 では灰色）点がそれぞれ各個体です。その近くに書かれている数字が優越されている個体数を示しています（自分自身を含む）。パレートフロントの個体は 1 と表示されます。

このシミュレータでは二つの目標値（適合度関数）$f_1(x), f_2(x)$ を多目的 GA により最小化します。二つの目標値は Function 1 と Function 2 のボックスに設定できるようになっています。GA のパラメータ（集団数や世代数など）を設定した後で Start ボタンをクリックすると、探索を開始します。なお、実行時にグ

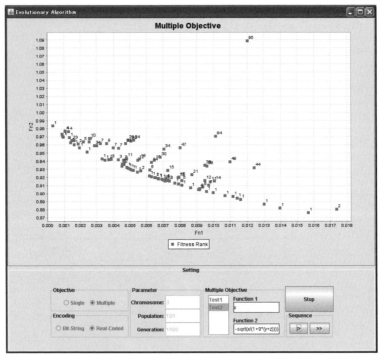

■図 5.23：パレート最適化シミュレータの実行画面

ラフをクリックするとオートズームを解除することができます。もう一度クリックすると再び有効になります。

以下の問題設定は、くぼみのあるパレートフロントを持ちます。

$$f_1(x) = x$$
$$f_2(x) = 1 - x^\alpha$$

この問題は、$\alpha = 0.5$ のとき凸型パレートフロント、$\alpha = 2.0$ のとき非凸型パレートフロントとなります。

図 5.24 と図 5.25 は、それぞれ $\alpha = 0.5$ と $\alpha = 2.0$ のときの実行結果です。確かにそれぞれ凸型、凹型のパレートフロントが得られていることがわかります。

なおこれらの関数の記述には、

```
Function 1:   x
Function 2:   1- sqrt(x)
Function 1:   x
Function 2:   1- x*x
```
をそれぞれのボックスに入力します。

また次のような複雑な目標値を考えてみましょう。

$$f_1(x) = x$$
$$f_2(x) = 1 - x^{0.25} - x\sin(10\pi x)$$

これは不連続なパレートフロントを持つ難しい問題とされています。このような関数を記述するには、

```
Function 1:   x
Function 2:   1- pow(x,0.25)-x*sin(10*3.1415*x)
```
をそれぞれのボックスに入力します。

関数を入力した後でシミュレータを実行してみましょう。複雑なパレートフロントが形成されることがわかります（図 5.26 参照）。

このシミュレータでは、自分で関数を定義できます。通常の四則演算の他に超越関数なども使用可能です。使用できる関数の一覧は表 5-5 にあります。入力する式は x を変数とする関数となります。変数の範囲（探索空間）は任意の正値と

第5章　効用と多目的最適化

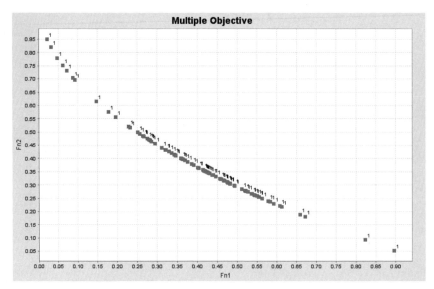

■ 図 5.24：凸型パレートフロント（$\alpha = 0.5$）

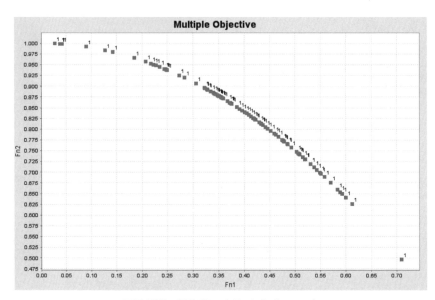

■ 図 5.25：凹型パレートフロント（$\alpha = 2.0$）

5.6 多目的に見られる創発：パレート最適化への道

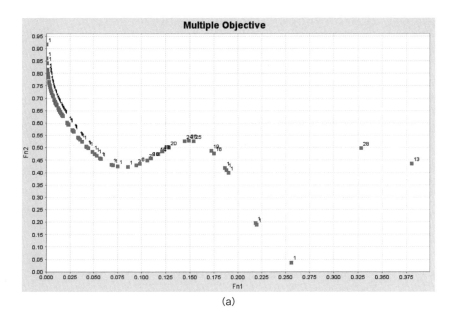

(a)

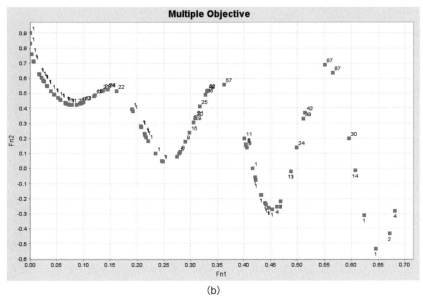

(b)

■ 図 5.26：不連続なパレートフロント

■ 表 5-5：使用可能な関数の一覧

	記号	内容
定数	数値	数値定数（1, 2.0, 3.0E10 等）
	PI	円周率（3.14159…）
	E	自然対数の底（2.7182…）
演算子	＋ － ＊ ／	四則演算
	－	負の数値
関数	abs(x)	絶対値
	sqrt(x)	平方根
	exp(x)	指数関数
	log(x)	対数関数（自然対数）
	pow(x,y)	ベキ乗（x の y 乗）
	sin(x)	正弦関数
	cos(x)	余弦関数
	tan(x)	正接関数
	asin(x)	逆正弦関数
	acos(x)	逆余弦関数
	atan(x)	逆正接関数
	round(x)	四捨五入
	max(x,y)	最大値
	min(x,y)	最小値
	round()	乱数

なっています。シミュレータを実行すると、$f_1(x), f_2(x)$ をそれぞれ横軸、縦軸としてパレート図を表示します。さまざまな適合度関数を入力してパレートフロント形成の様子を実験してみましょう。

多目的最適化における創発については、さまざまな研究がなされています。詳しくは文献 [107, 113, 101] などを参照してください。ここでは実用例として、ロボットの動作生成について説明しましょう。ヒューマノイドロボットの動作設計では、目標とするタスクの達成と同時に、動作の安定性も重要です。たとえば、ボールを蹴る動作の設計を考えてみます。このとき、単に遠くに蹴るのであれば倒れてしまうほど不安定な動作でもいいでしょう。ただしそれでは実際のロボット実装には問題があります。そこで、蹴る距離と動作の安定性のトレードオフを考慮することが重要になります。

5.6 多目的に見られる創発：パレート最適化への道

図 5.27 には、進化計算を用いて蹴り動作の設計を行った結果を示しています。下の図のプロットは、進化の結果得られたロボット動作の安定性とボールの飛距離を表示したものです。安定性は腰のリンク速度の最大値の逆数として示しています。これらの値はそれぞれ大きいほど良くなります。つまり二つの価値関数の最大化という多目的最適化となります。

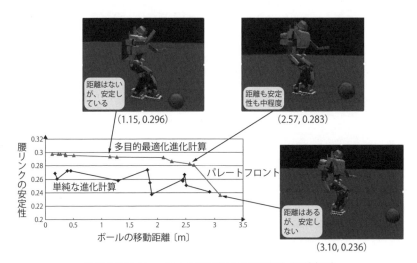

■ 図 5.27：ヒューマノイドロボットの動作設計（口絵参照）

多目的最適化を用いた進化計算ではパレートフロント（図の灰色の線）の解（パレートフロント上の点）が同時に見つかっています。図には代表的な解の動作例を示しています。左上の解では、ボールの移動距離は小さいですが、安定した動作をしています。一方、右下のものは移動距離がある分、不安定で倒れそうな動作になっています。右上では移動距離と安定性のいずれも中庸な成績になっています。従来の最適化では、最適化すべき目的関数を工夫すればこれらの一つを求めることはできるかもしれません。たとえば、図の黒い線には単純な進化計算[*18]で求まった解の例を示しています。一方、多目的最適化では、パレートフロント上の異なる種類の動作が同時に見つかっていることに注意してください。

[*18] 適当な重み係数をかけて、安定性と移動距離の和を最大化するようにした。

5.7 無差別曲線への批判

前節では多次元の効用関数について説明しましたが、一番望ましいのは総合的な評価が各次元ごとの和として表されることです。これは、2次元の場合で言えば、二つの項目 X、Y があり、効用関数を u_1、u_2 とすると、

$$X \succ Y \iff u_1(X) + u_2(X) > u_1(Y) + u_2(Y)$$

が成り立つことです。

これが満たされる条件として、

- 推移性
- 比較可能性
- 選好独立性
- トムセン条件

が知られています。

トムセン条件とは、2個の評価関数 X_1、X_2（2次元での評価）の場合、次を満たすことです。

> **定義 5.5　トムセン条件**
> すべての $a, b, c \in X_1$、$p, q, r \in X_2$ に対して、もしも $(b,p) \sim (a,q)$ かつ $(c,p) \sim (a,r)$ なら、$(c,q) \sim (b,r)$ が成り立つ。

トムセン条件は無差別曲線の平行性を示しています。**図 5.28** を見てください。この図には6個の候補点があります。このとき、トムセン条件は、同じ色の候補のうち2組が無差別であれば、残りの色の候補同士も無差別なことを意味します。たとえば、黒と白の候補がそれぞれ無差別であれば、灰色の候補も無差別になります。もしも黒色の点の間に無差別曲線が引けて、かつ灰色の点の間に無差別曲線が引けるならば、白色の2候補の間にも無差別曲線が引けることになります。

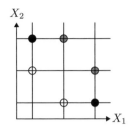

■ 図 5.28：トムセン条件

　一般にはこれらの条件が満たされませんが、便宜上各次元ごとの和として各項目の総合評価値とすることがあります。前節で説明した、ロボット動作設計（図 5.27）における単純な進化計算もこの考え方によります。

　一方で、無差別曲線やパレート最適という考えがリスクという要素を無視しているため、人間の行動をうまく説明できないという批判もあります。無差別曲線の問題は、最終的に所有されている富やお金の状態が描かれているだけで、現在の状況がどうなっているのかが示されていない点です。つまり人間がどこにいるのかがわかりません。本章の冒頭の引用はこの批判を端的に示したものです。実際に、リスクのない選択や意思決定の実証実験から、無差別曲線が図 5.16 のようなカーブでは与えられないことが示されています。こうして、次章で述べる新しいリスク認知理論の誕生につながっていきます。

第6章

プロスペクト理論と文化の進化

> すべての生命は問題解決だ。
> アメーバからアインシュタインまで、知識の進展はいつも同じだ。
> （カール・ポパー [70]）

6.1 ベルヌーイの間違い

前章の最後では、古典的な効用理論の問題点について言及しました。実際には、リスクは単一の数（期待効用）で捉えきれないので、効用が多くの人にとって意味をなさないのがわかってきました。たとえば、どんなときに効用関数に対数や平方根を用いるべきなのかが不明です。さらに、人間に自然な効用関数は存在しないのではないかとも考えられています。そもそも、人間は 135 頁の効用の公理に従いません。

たとえば、以下のような状況を考えてみましょう。

状況 1：あなたは現在の富に加えて 1,000 ドルもらったうえで、次のどちらかを選ぶように言われました。

- (a) 50% の確率で 1,000 ドルをもらう。
- (b) または、確実に 500 ドルをもらう。

どちらを選びますか？

この場合、多くの人が (b) 確実に 500 ドルをもらう方を選ぶことが実験からわかっています。では、次にこの問いを忘れて、以下の状況を考えてください。

状況 2：あなたは現在の富に加えて 2,000 ドルもらったうえで、次のどちらかを選ぶように言われました。

- (a) 50% の確率で 1,000 ドルを失う。
- (b) または、確実に 500 ドルを失う。

どちらを選びますか？

このときは、多くの人が 50% の確率で 1,000 ドルを失う方を選びます。

ではこの二つの状況を比べてみましょう（**表 6-1** 参照）。いずれの場合も、(a)

のときには、同じ確率で 1,000 ドルまたは 2,000 ドルとなります。(b) のときには、確実に 1,500 ドルとなります。ベルヌーイの期待効用理論からは、どちらの状況でも (a) と (b) は全く同じ選択肢です。したがって、状況 1 で (a) を選んだ人は状況 2 でも (a) を選ぶはずですし、また状況 1 で (b) を選んだ人は状況 2 でも (b) を選ぶはずです。しかし結果はそうなっていませんでした。状況 1 では多くの人が (b) を、状況 2 では (a) を選んでいます。言い換えると、状況 1 では多くの人が確実さを選ぶのに対して、状況 2 では多くの人がギャンブルを選びました[*1]。なぜこんなことが起こったのでしょうか？ ベルヌーイはどこで間違ったのでしょうか？

■ 表 6-1：ベルヌーイの間違い

状況 1：あなたは現在の富に加えて 1,000 ドルもらったうえで、次のどちらかを選ぶように言われました。			状況 2：あなたは現在の富に加えて 2,000 ドルもらったうえで、次のどちらかを選ぶように言われました。		
(a) 50%の確率で1,000ドルをもらう。	同じ確率で1,000ドルまたは2,000ドル		(a) 50%の確率で1,000ドルを失う。	同じ確率で1,000ドルまたは2,000ドル	多くの人がギャンブルを選ぶ
(b) または、確実に500ドルをもらう。	確実に1,500ドル	多くの人が確実さを選ぶ	(b) または、確実に500ドルを失う。	確実に1,500ドル	
参照点は＋1,000 ドル ∴500 ドル増えるのがいい			参照点は＋2,000 ドル ∴500 ドル確実に減るのは嫌だ		

ベルヌーイは、"富のどんな小さな増加に起因する利得も、過去に保有していた財産量に反比例するはず" と考えて、効用を定義しました。たとえば前章で説明した対数関数の効用などです。しかしこれは必ずしも正しくありません。よく考えてみると、幸せの度合い（幸福感）は、当初の富の状態に対する変化によって決まるようです。当初の富（もともと持っている財産）のことを参照点といいます。つまり冒険的機会（賭け）の評価は、結果として得られる財産よりも、可能な利得・損失の起こる参照点に依存するのです。

[*1] ただし本章での記述のほとんどは欧米での実験結果の論文をもとにしている。日本など東アジアでは実験結果が異なるという報告もある [77]。実際に、筆者の大学講義でアンケートをとったところ若干異なる結果が出ている。これは欧米人と日本人の文化的背景・考え方の違いかもしれない。今後の研究に期待したい。

第6章 プロスペクト理論と文化の進化

> **定義 6.1　参照点**
> - 参照点は当初の富の状態である
> - 幸せの度合いは、参照点に対する変化によって決まる
> - 選好は参照点の変化で操作される

先ほどの二つの状況を見てみましょう。状況1では現在の富に加えて1,000ドルもらっているので、参照点は+1,000ドルとなります。そのため、500ドル増えるのが良いと考えます。一方、状況2では参照点は+2,000ドルです。そのため500ドル確実に減るのは嫌われます。後で見るように、人間は損失と利得に対しての態度（リスク回避か追求か）が異なることからこの結論が導かれます。

伝統的な効用理論の間違いを示す例として、賭けに対する態度の矛盾があります**[134]**。以下の二つの賭けを考えてみましょう。

> **賭け1**　50%の確率で100ドルを失うが、50%の確率で200ドルをもらえる
> **賭け2**　50%の確率で200ドルを失うが、50%の確率で2万ドルをもらえる

多くの人は、賭け1には手を出さないかもしれません。しかし古典的効用理論に従うと、賭け1を断る人は賭け2も断ることが導かれてしまいます。しかしそんなはずはありません。筆者を含めて正常な人間なら賭け2を断ることはないでしょう。このことをややインフォーマルに示します**[134]**。なお、以下の証明はやや数学的に難解なので読み飛ばしても構いません。

50%の確率で100ドルを失うが、50%の確率で200ドルをもらえる賭けを避ける人を考えます。この人のxドルの効用関数を$U(x)$と表します。このとき、この効用関数には、

- 単調増加である、つまり$U'(x) > 0$となる
- 上に凸である、つまり$U''(x) < 0$となる

の二つを仮定してよいでしょう。第2の性質は、効用関数が限界効用逓減になることを意味します（137頁参照）。さて、先の人の所持金をwドルとすると、賭

けを避けるということから以下が導かれます。

$$U(w) > 0.5 \times U(w-100) + 0.5 \times U(w+200)$$

これは賭けをした後の自分の所持金の効用の期待値よりも、現時点での所持金の効用の方が大きいからです。U が上に凸（凹型）であることから $U(x)$ の傾きは x が大きくなるほど小さくなるので、

$$U(w+100) > 0.5 \times U(w) + 0.5 \times U(w+200)$$

です。この二式を足し合わすと、

$$\frac{1}{2}(U(w) - U(w-100)) > U(w+200) - U(w+100)$$

が成り立ちます。これは任意の w で成り立つので、w を $w-100$ とすると、

$$\frac{1}{2}(U(w-100) - U(w-200)) > U(w+100) - U(w)$$

となり、この 2 式を足すと、

$$\frac{1}{2}(U(w) - U(w-200)) > U(w+200) - U(w)$$

が得られます。これを繰り返し用いると、

$$\left(\frac{1}{2}\right)^2 (U(w) - U(w-200)) > U(w+200 \times 2) - U(w+200)$$
$$\left(\frac{1}{2}\right)^3 (U(w) - U(w-200)) > U(w+200 \times 3) - U(w+200 \times 2)$$
$$\cdots$$
$$\left(\frac{1}{2}\right)^k (U(w) - U(w-200)) > U(w+200 \times k) - U(w+200 \times (k-1))$$

となり、200 ドル増えることによる効用の追加分が指数関数的に減少していることがわかります。そこで 2 万ドルもらえることの増加分を評価すると、

$$U(w + 20{,}000) - U(w) = (U(w + 20{,}000) - U(w + 199{,}800))$$
$$+ (U(w + 199{,}800) - U(w + 199{,}600))$$
$$+ \cdots$$
$$+ (U(w + 200) - U(w))$$
$$< \left(\frac{1}{2} + \frac{1}{2^2} + \cdots \frac{1}{2^{100}}\right)(U(w) - U(w - 200))$$
$$= \left(1 - \frac{1}{2^{100}}\right)(U(w) - U(w - 200))$$
$$< U(w) - U(w - 200)$$

が得られます。これから、

$$U(w) > 0.5 \times U(w - 200) + 0.5 \times U(w + 2{,}0000)$$

となり、賭け 2 に参加しないことが示されます。

この証明の核心は、100 ドル程度の賭けをより大きな範囲での効用関数で解釈する点です。以下で説明するように、人間の思考に近づけるには利益よりも損失に敏感なことを考慮する必要があります。

なお文献 **[134]** では、より一般的な場合の Rabin の定理が証明されています。その定理の結果、**表 6-2** のような結果が得られます。この表は、50% で g ドルを得て、50% で 100 ドルを失う賭けを断る人が、50% で L ドルを失う賭けを断る金額の最大値を示します。たとえば 50% で 110 ドルを得て、50% で 100 ドルを失うような賭けを断る人は、50% で 2,090 ドルを得て、50% で 800 ドルを失うような賭けも断ります。また、50% で 1,000 ドルを失うような賭けは 50% でどれだけ大きな額を得られるとしても断るでしょう。

このように、合理的エージェントの公理を満たさない事例が出てきました。そもそも合理的行為者（エコンと呼ばれる）は存在しないのではないでしょうか？こうして、完全情報や期待効用に基づいた選択をする合理的行為者の存在を仮定している現代経済学は修正を迫られました。従来の経済学は人間の営みでありながら心理学を軽視する傾向がありました。これに対して、行動主義的心理学を積極的に取り込む行動経済学という分野が誕生しました。行動経済学は、人間は時には全く合理的でなく、古典的な効用理論に基づいて行動しないという仮定から

■ 表 6-2：50% で g ドルを得て、50% で 100 ドルを失う賭けを断る人が、50% で L ドルを失う賭けを断る金額の最大値

L	g			
	101	105	110	125
400	400	420	550	1,250
600	600	730	990	∞
800	800	1,050	2,090	∞
1,000	1,010	1,570	∞	∞
2,000	2,320	∞	∞	∞
4,000	5,750	∞	∞	∞
6,000	11,810	∞	∞	∞
8,000	34,940	∞	∞	∞
10,000	∞	∞	∞	∞
20,000	∞	∞	∞	∞

出発しています。そのきっかけとなったのが、ダニエル・カーネマン[*2]とエイモス・トベルスキー[*3]によるプロスペクト理論（見込み理論）です **[114]**。この理論では、合理的なエージェント（エコン）は存在しないことを仮定して、

- 損失回避
- 現状バイアス
- 授かり効果（保有効果）

などにより人間の選択行動を説明することを試みます。以下ではこれらについて解説しましょう。なお、本章の記述は文献 **[27, 28]** をもとにしています。

[*2] Daniel Kahneman (1934-)：アメリカ合衆国の心理学者。経済学と認知科学を統合した行動ファイナンス理論とプロスペクト理論を提唱した。2002 年ノーベル経済学賞受賞。

[*3] Amos Tversky (1937-1996)：イスラエル生まれの心理学者。カーネマンと共同研究によりプロスペクト理論を構築した。

6.2 授かり効果:なぜ返金保証は採算が合うのか?

学生を二つのグループ A と B に分けます **[115]**。そして、グループ A の学生は大学のマグカップをもらいます(**図 6.1** 参照)。その後しばらくして、そのマグカップを売るならいくら出すかを答えてもらいます。一方、グループ B の学生にはマグカップを渡しません。そしてマグカップをもらわなかった学生には、それを得るのにいくら払うかを答えてもらいます。このとき次のうちどうなったでしょうか?

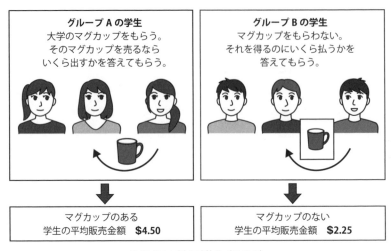

■ 図 6.1:授かり効果(その 1)

- マグカップのある学生がより高く評価した。
- マグカップのない学生がより高く評価した。
- 両方の学生が同じように評価した。

理性的に考えると両方の学生が同じように評価するはずですが、マグカップのある学生の平均販売金額は 4.50 ドルだったのに対して、マグカップのない学生の平均支払い金額はわずか 2.25 ドルでした。

6.2 授かり効果：なぜ返金保証は採算が合うのか？

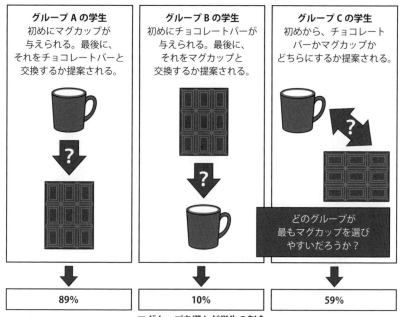

■ 図 6.2：授かり効果（その 2）

　別の実験として、学生を三つのグループ A、B、C に分けます（**図 6.2** 参照）**[117]**。

- グループ A の学生には初めにマグカップが与えられる。そのあとでそれをチョコレートバーと交換するか提案される。
- グループ B の学生にはチョコレートバーが与えられる。次にそれをマグカップと交換するか提案される。
- グループ C の学生には、初めからチョコレートバーかマグカップかどちらにするか提案される。

このとき、どのグループの学生が最もマグカップを選びやすいでしょうか？
　結果は、マグカップを選んだ学生は、グループ A が 89%、グループ B が 10%、グループ C が 59% となりました。
　この結果は、授かり効果（The endowment effect）として説明できます。これ

は人間は自分のものにより価値を置くということです **[141]**。

> 定義 6.2　**授かり効果**（Ownership creates satisfaction）
> 所有感は、満足感を生む。

興味深いことに、授かり効果はチンパンジーでも実験的に発見されています**[97]**。この実験では、33 匹のチンパンジーに、アイスキャンディーかピーナッツバターのいずれかを与えて、もう一方と交換できるようにしました（図 6.3 参照）。アイスキャンディーとピーナッツバターはどちらもチンパンジーの大好物です。すると、授かり効果が予測するとおり、ピーナッツバターが先の場合には、89% のチンパンジーがピーナッツバターを選びました。一方、アイスキャンディーが先なら、42% がアイスキャンディーを選びました。

■ 図 6.3：授かり効果（その 3）

授かり効果はマーケティングで頻繁に利用されています。たとえば、返金保証（Money-back guarantees）はなぜ採算がとれるのでしょうか？ 一度でも商品を試してみると、授かり効果によって取引が成立する可能性が高くなります。さらに商品を試すのを躊躇することを減じる効果もあります。また、同様の効果とし

て、IKEA 効果*4 というのも知られています [130]。これは、自分がつくったものには愛着が湧くという認知的バイアスを利用したものです。人はより多くの資源をつぎ込むと、その所有感覚が増加します。マーケティングでは仮想的な所有感覚も利用されます。これは、ある商品を所有したり、一緒に暮らすと想像すると、あたかもすでに所有したような感覚になることです。この仮想的所有感によって購買や実際の所有に誘導される可能性が高まります。このように、成功する広告は商品と一緒の生活を生き生きと想像させることに長けているのです。

なお、授かり効果は、物理的なものだけではなく思考にも存在します。ある考えを一度受け入れると、それを捨て去るのは難しいことがあります。これが思想的な厳密さの始まりです。人間はその考えに反するような証拠をまじめに考えなくなり、すでに信じている考えを支持する証拠のみを見てしまうのです。「先住、主となる」ということわざのとおりです。

6.3 損失回避とフレーミング効果

人間は、利得を得るより、同程度の損失を避けることに動機付けられます。これを損失回避と呼びます。特に、同じ選択が利得でなくて損失で言及される（フレーム付けされる）と、異なる決定がなされることがあります。これがフレーミング効果です。

たとえば、次のような提案を考えてみましょう [28]。

> **提案 1**：子供に対する控除額は、低所得者よりも高所得者を多くすべきですか？

これに対して、多くの人は否定するでしょう。金持ちに有利な税額控除など論外だからです。一方、次の提案はどうでしょうか？

---

*4　スウェーデン発祥で世界各地に出店している家具量販店。IKEA では自分で小規模の工作をして家具を作成することが多い。

> **提案 2**：子供のいない低所得者は、子供のいない高所得者と同額の追加納税を払うべきですか？

これに対しても否定するでしょう。

しかしここでよく考えてみます。論理的に考えてみれば、両方を拒絶することはできないことがわかります。提案 2 では子供の数が基準となっていて、たとえば二人より少ない世帯に課税するのと同じです。さて、提案 1 で子供がいることに対して低所得者も高所得者と同じ（あるいはより多くの）控除を受けるべきだと考えるなら、提案 2 では子供がいないことに対して少なくとも同額の追加納税をしなくてはならないのです。

フレーミング効果の別の例として、次のような問いを考えてみましょう。

> 致命的な感染症に 600 人がかかるとします。以下の二つの対策のうち、どちらを選びますか？
>
> 1. 400 人が死ぬ
> 2. 1/3 の確率で 600 人が助かり、2/3 の確率で 1 人も助からない

このとき、多くの人が 1 番目の方を選択します（1 が 72% に対して 2 は 28%）。では今度は以下の問いを考えます **[143]**。

> 致命的な感染症に 600 人がかかるとしましょう。以下の二つの対策のうち、どちらを選びますか？
>
> 1. 200 人が助かる
> 2. 1/3 の確率で誰も死なず、2/3 の確率で 600 人が死ぬ

このときには、多くの人が 2 番目の方を選択します（1 が 22% に対して 2 は 78%）。

この結果は人間の合理性への疑問を呈します。以下の二つのケースは同じ効用

です。

- 1/3 の確率で誰も死なず、2/3 の確率で 600 人が死ぬ
- 1/3 の確率で 600 人が助かり、2/3 の確率で 1 人も助からない

ところが人間は前者は 78% で選び、後者は 28% しか選びませんでした。このことから人間は損失を避けるのに多大のリスクを負うことがわかります。つまり、同じ選択を損失として記述すると意思決定が変更されるのです。

損失回避の例として、次の問題を考えてみましょう。

以下の二つのうち、どちらを選びますか？

1. 無条件で 240 ドルをもらえる
2. 25% の確率で 1,000 ドルがもらえるが、75% の確率で何も得られない

このとき、最初の選択は 84% でした。つまり人は余分の利得を得るためにリスクを負うことは少ないことがわかります。

では、次の問題を考えます。

以下の二つのうち、どちらを選びますか？

1. 無条件で 750 ドルを損する
2. 25% の確率で 1,000 ドル損するが、75% の確率で何も損しない

この場合には、87% の人が後者を選んでいます。つまり、余分の損失を避けるためにリスクを負いやすいのです。

6.4 人間の認知を説明する効用の価値関数

これまでに見てきた損失回避や参照点という効果は従来の効用関数では解釈が

できません。

そこでカーネマンとトベルスキーは、非対称で、利得よりも損失で急峻な傾きとなる効用関数を考案しました。これを、Kahneman–Tversky 価値関数と呼びます（**図 6.4**）。この関数は、人が利益と損失を非対称に扱うこと、特に意思決定において利得より損失に重きを置くことを基本にしています。これは必ずしも不合理な振る舞いを意味するものではありません。

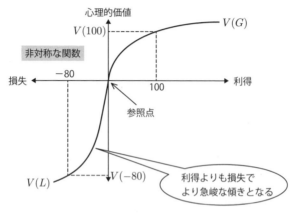

■ 図 6.4：Kahneman–Tversky 価値関数

利得より損失に重きを置く実証として、ゴルフのパッティングでバーディかパーを狙うデータの検証例があります。250 万回分のデータを分析したところ、パー狙いはバーディ狙いよりも成功率が高いことが統計的に明らかになっています。しかもこれはパットの難易度やカップからの距離と無関係でした。

このように、人間は利得と損失の両方があるギャンブルでは損失を回避して、極端にリスク回避的な選択をとります。図 6.4 の価値関数は、このことを如実に表しています。つまり、損失（グラフの左）の接戦の傾きは利得（右）の傾きよりも大きくなっています。このことから、起こり得る損失が利得の数倍も強く感じられるのです。一方、確実な損失と不確実だが大きな損失のように、どちらに転んでも悪い結果となるギャンブルでは、リスク追求的になり、損失領域のグラフの傾きは次第に緩やかになります。こうして、損失に対する感応度が逓減し、リスク追求的になるのです。

以上をまとめると、次のようになるでしょう。

> **定義 6.3　人間の意思決定**
> - 損失の領域ではリスクを追求する
> - 利得の領域ではリスクを回避する

6.5 新しい効用の定義

　人間にとっての効用とは何かを考えてみると、効用には二つの種類があることがわかってきました。それらは、

- 決定効用（decision utility）：「好ましさ」「望ましさ」
- 経験効用（experienced utility）：従来の効用理論の考え、快楽や苦痛の経験の尺度

と呼ばれています。第 5 章で説明した従来の効用は決定効用です。それは選択の理由を説明するものです。しかしながら、これまで見たように人間行動の解釈において決定効用は必ずしも正しくないことが判明しています。一方でカーネマンらが注目したのが経験効用です。

　カーネマンは極端に痛い注射でこの効用について説明しています。この注射には決して慣れることはなく、毎日同じように痛いとします。このとき、患者にとって以下の二つはどちらがいいでしょうか？

- 注射の回数を 20 回から 18 回に減らす
- 注射の回数を 6 回から 4 回に減らす

古典的効用理論によると、前者は注射の回数を 20 回から 18 回に減らしているので 10% 減となっています。一方、後者は 33% 減です。そのため、後者の方が効用が大きいと考えられます。

　これは本当でしょうか？ 何かおかしい気がします。それは経験効用における次の二点を考慮していないからです。

- ピークエンドの法則：記憶に基づく評価は、ピーク時と終了時の苦痛・快楽の平均で決まる
- 持続時間の無視：苦痛・快楽の持続時間は、総量の評価にはほとんど影響を及ぼさない

このため、必ずしも後者がいいとは限らないのです。たとえば、二人の患者A、Bが**図 6.5** のように苦痛を感じたとしましょう。苦痛の時間はAの方が短いが、ピークはどちらも同じくらいです。終わったときの苦痛はAよりもBの方が圧倒的に小さくなっています。そのため、患者AよりもBの方が記憶に基づく苦痛は少なくなるでしょう。

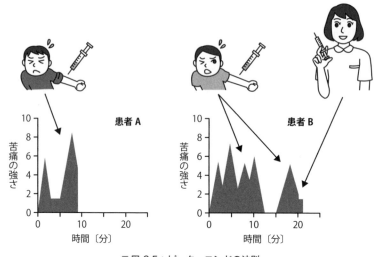

■ 図 6.5：ピーク・エンドの法則

6.6 サルでもわかる経済学

イェール大学のキース・チェンは、サルにも経済の基本がわかるのかを実験しました **[86]**。従来の経済学では、貨幣を用いて交換を行うのは人間だけだとされています。アダム・スミスをはじめとする経済学者はそう信じていました。チェンはこのことに疑問を投げかけたのです。サルの群れにお金の使い方を教えたら

どうなるでしょうか?

チェンが選んだのは、オマキザルというアメリカ大陸に棲む茶色の小型のサルです **[121]**。彼は実験室で、オマキザルにお金（1インチの銀色の穴の空いたコイン）を渡して、その後でご馳走を見せました。コインを研究員に返すたびにサルはご馳走がもらえます。何ヵ月もかかってサルはコインでおいしいものが買えることを理解しました。このあとのサルの行動は劇的なものでした。サルにはそれぞれ好き嫌いがあるので、当然好きなものにコインを渡します。また、経済的な合理行動もとるようです[*5]。たとえば、コイン1枚でゼリーを三つ買えていたとします。それが突然にコイン1枚ではゼリーが二つしか得られないとなると、サルたちは買う量を減らしました。つまり、値段が上がると買う量を減らし、値段が下がると量を増やすという右下がりの需要曲線を理解していました。贋金づくりや窃盗、さらには世界最古の職業と呼ばれる売春も観測されたとされています。

また、オマキザルによる損失回避の観察事例も報告されています。例として、次の二つの賭けを提示しました（**図 6.6**）。

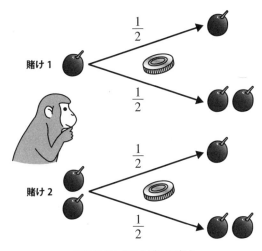

■ 図 6.6：オマキザルの賭け

---

*5 ただしこの研究には、チンパンジーやサルにはトークン（交換貨幣）を食べ物と交換するように教え込むことはできるが、自発的な真の交換（自分にとって価値のあるものとより高い価値のあるものとの交換）のには程遠い、という批判もある。

1. 最初ブドウを一つ見せ、コイントスの結果で、そのままブドウ一つか、またはもう一つもらえる。
2. 最初ブドウを二つ見せ、コイントスの結果で、ブドウを二つともそのままもらえるか、それとも一つは取り上げられて一つしかもらえない。

どちらの賭けでもサルは平均では同じ数のブドウを受け取ります。しかし最初の賭けは儲かるかもしれない、2番目の賭けは損するかもしれない、という形となっています。

おそらくサルの場合には短絡的なので、最初に一つ見せられるよりも二つを見せられた後者の方を好むはずです[*6]。ところがサルはブドウ二つ見せられると時々一つが引っ込められることがあり、一方でブドウを一つ見せられると時々オマケにもう一つもらえることを理解すると、圧倒的に前者の賭け（賭け1）を好むようになりました。すなわち、ブドウが一つ得られる喜びよりも、一つを失うことの痛みの方が大きいように行動しています。つまりプロスペクト理論の唱える損失回避に他なりません。

6.7 サルに文化はあるのか？

幸島（こうじま）は、宮崎市から1時間半ほど南へ下った串間市・石波海岸の沖合300メートルのところにあります。周囲が3.5kmほどの小さな無人島です。とりわけ幸島を有名にしたのは、ニホンザルのイモ洗い行動です。観測者がサツマイモを砂浜の上に置くと、イモと名付けられたメスのサルは、サツマイモを海水に浸けて食べるようになりました（図6.7）。砂がついているとまずいからでしょう。これ自体は偶然の出来事で特筆すべきことではありません。興味深いのは、この行動がイモの親族や友達にすばやく伝わっていったことです。また、年輩のサルの中には決してイモ洗い行動をしない者もいたといいます。さらに、あるサルは砂がついていない食物さえ海水に浸け始めました。塩の味付けをするグルメなサルの誕生です。

別の記録によると、1963年にこの島のメスのサルが、種子と砂の混ざったもの

[*6] 朝三暮四という諺がある（荘子、斉物論）。

(a) 毛づくろいをする様子

(b) 海に落ちたイモを拾って食べるサル

■ 図 6.7：幸島のサル

を水の中に投げ入れ、浮いてきたものをすくい取れば種子や実だけが取れることを見出したとされています。それまで水を使わず手作業で行っていた方法は大変面倒だったことから、水を使った方法はすぐに家族や仲間たちに広まっていきました。この方法はその地域のサル全体に広まり、現在では、若いサルが年輩のサルからこの方法を学んでいるとされています。

第6章 プロスペクト理論と文化の進化

このような行動（文化）の伝達様式は、ミームと呼ばれています。これはリチャード・ドーキンス（122 頁参照）が提案したアイディアです。通常の遺伝子が血縁関係のみで垂直に遺伝するのに対し、ミームは集団内の交わりを通して水平に遺伝します。また遺伝子と同じように突然変異（上述の塩の味付け）や交叉が起こります。災害時のデマ、流行語、ファッションなどはミームによりうまく説明できることがわかっています。もともとミームは、遺伝子中心主義から解放されるために、人間のみが獲得した文化的手段であると考えられていました。つまり、人間が他の動物と違うのは遺伝子以外にミームが遺伝するからと考えられます。しかしながら、幸島のサルによるイモ洗い行動の伝達様式も明らかにミームです。

幸島には現在 100 匹ほどのサルがおり、京都大学の霊長類研究所がサル一匹ずつに戸籍をつくって研究しています。京都大学の今西錦司らを中心とする日本のサル学を世界に知らしめたのは、ここでの研究成果によるものです。筆者らが渡し船で幸島に上陸したときも、ちょうど二人の研究員による点呼の最中でした。この島が非常にうまく管理されており、サルたちが餌をねだったり、人間を敵視したりしないのに感心しました。サル学が欧米ではなく日本によってリードされた理由の一つは、「動物にも文化がある」という考え方が仏教観に馴染みやすかったのも一因とされています。キリスト教の宗教観では基本的に人間のみがミームを持っているのでしょう*7。

「人間のみが文化を持つ」という古典的西欧主義の考え方は、その後の研究により否定されました。たとえば、西アフリカの森に棲むあるチンパンジーの集団は堅い木の実を石の台に載せて、もう一つの石をハンマーのように使って割ります。そのうえ、何世代にもわたりその方法を子供に教えているのが報告されています。これが社会的学習として受け継がれている証拠として、実を割るのに石を使う集団もあれば、棒を使う集団もあることがわかっています。子供を成体になってから別の集団に入れるとなかなか学習できないこともわかっています。また、シャチにおいても餌の捕り方や呼び声パターンが集団で全く違っているそうです **[84]**。

心理学者のスーザン・ブラックモアによると、人間など霊長類の模倣能力が

---

*7　仏教においては動物を含めたあらゆる生命への慈しみ・尊重が重視される一方で、キリスト教においては神の形につくられた人間が動物を支配するという考え方があるという背景に起因している。

ミームの原動力であるとされています**[66]**。優れた自己複製子は、

- 忠実
- 多産
- 長命

という三つの特徴を備えている必要があります。それらを備えていれば自己複製子同士の競争や、生存能力の差異や、漸進的改良を目指す自然選択が不可避になります**[84]**。つまり、人間に模倣の能力が現れたときにミームは進化を開始したのです。遺伝学が生物の進化を扱うように、ミーム学は文化的な進化を扱うと考えられます。

ミームの考えは、AIにおいて盛んに応用されています。たとえばミームを利用した進化計算の探索法として、ミメティック・アルゴリズム（MA：Memetic Algorithm）が知られています。この手法では、進化計算を効果的に拡張して探索の効率を高めることができます。MAの考え方は単純です。進化的に得られた個体に対して、各世代で学習を行い賢くする、というものです。MAの学習には、各個体を少し変えて周辺を探すという「局所的探索」をしばしば用います。さらに、ミームの原動力と思われるミラーニューロン（6.8節参照）をロボット工学に応用し、オンライン行動模倣や未知の状況における適応行動の実現を目指す研究もあります**[5]**。MAの詳細や金融工学などへの実際的応用については文献**[8]**を参照してください。

6.8　ミラーニューロンの発見

近年ミラーニューロンがアカゲザルで発見されました。これは、動物が自ら行動するときと、それと同じ行動を他の個体が行っているのを観察しているときの両方で活動する神経細胞です。たとえばこのニューロンでは、果物を拾って食べるときの発火パターンと人間が同じ行動を行うのを見ているときの発火したパターンが極めて類似しています（**図6.8**）。この発見は前節で述べたようなミームの仮説を裏付けるものです**[4]**。

人間でミラーニューロンが発見されたという明確な報告は、いまだなされてい

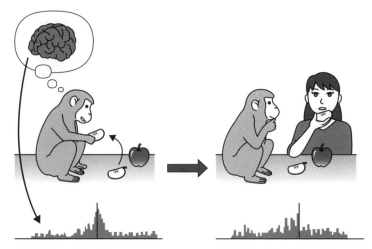

果物を拾って食べるときのニューロンの発火パターン　　人間が同じ行動を行うのを見ているときも、同じようにニューロンは発火した

■ 図 6.8：ミラーニューロン

ません。しかしながら、社会的な環境で生きるのにミラーニューロンは必要であると言われています。なぜなら社会では他人と協力しなくてはならず、そのためには他者の気持ちを理解することが必須だからです。社会脳仮説という説があります [57]。これは、社会生活を行うために脳が大きくなり高度な知能が進化したというものです。実際、大脳新皮質の相対的な大きさと群れの大きさは相関があります。つまり、大きな群れをつくるサルほど大きな大脳新皮質を持ち、かつ知能が高いようです。

また人間の場合には、ミラーニューロンと想定される部位が、情動に関係する脳領域（扁桃体と他の大脳辺縁系領域）と強いつながりを持っているとされています [55]。そのため人間は互いの苦痛や喜びを他の霊長類よりも強く感じているのかもしれません。オキシトシンを鼻に噴霧した囚人のジレンマゲームでの実験（126 頁参照）はミラーニューロンとその周辺の活性化で説明できるでしょう。

一方で、ミラーニューロンの研究には批判もあります。これは 3.7 節で説明した、相関関係と因果関係の混同に起因し、fMRI（機能的磁気共鳴画像法）や電気生理学的手法を用いた脳科学研究の全般に関連します。基本的に fMRI では、特定の精神的活動に関連した脳内の血流を活性化の度合いで表示した画像しか得られません。これは神経相関と呼ばれています。しかしながら、神経相関は精神的

活動と神経細胞活動の単なる相関であって、因果的に関連していることにはなりません[*8]。そのため、共感のような概念の発生をfMRIの観測だけで証明するのは困難でしょう。実際にサルのミラーニューロンに相当する運動前野腹側を損傷した人々が特に冷淡に振る舞うという報告はなされていません[18]。また、ミラーニューロンが発見されたアカゲザルが全く高潔とは言えない種であり、共感の形跡も観察されないとされています。さらに最近の神経画像研究によれば、ミラーニューロンの見つかっている脳領域は共感とほとんど関係がないことも判明しています[60]。このように、ミラーニューロンと協調・共感感情との関係に対して疑念を持つ研究者も存在します。

6.9　文化も進化する

ダーウィンは、生物学的な進化の条件として、

- 変異：個体差
- 生存競争：生き残るための競争、適者生存
- 継承：遺伝

の三つを挙げています。この一つでも欠けると、進化は起きません。

文化も遺伝子と同じように進化するという考えがあります。実際に、文化においても上の三つの項目が次のように対応しています[79]。

- 文化的変異：文化的変異（無作為の革新）や誘導された変異（自らの認知バイアスにより個人が情報を修正）
- 生存競争：文化選択
- 文化の継承：親の世代や同世代の他人からの伝達

文化選択には、内容バイアス（本質的に魅力のあるものを優先する）、モデルによるバイアス（年齢、社会的地位、自分との類似などを優先する）、頻度依存バイ

[*8] ただしBMI（Brain-Machine Interface）を活用して脳に介入すれば因果関係を知ることにつながるかもしれない。

アス（頻度や他人への同調に基づいて優先する）などがあります。したがって文化も進化する対象であり、これを「文化進化」と呼びます。さらに最近では、遺伝的浮動*9に相当する「文化的浮動」という現象も見つかっています。これは、集団が大きくないときに文化的特徴の進化的な変化が方向性のないように（内容バイアスに基づかないように）起こることです。たとえば赤ちゃんの名前がその一例だとされています [79]。

文化の代表例として言語を考えてみましょう。言語の進化は遺伝子（DNA塩基）の進化と似ています [85]。たとえば、頻繁に使われる言葉は短くなり、何度も使う言葉は端折られます。また、言語種の進化には生物種の進化との類似性も見られます。動植物の種は緯度が高くなるほど種類が少なくなります。実際、赤道に近いほど種は多様ですが、アラスカには広い生息範囲に数種類の種が存在するだけです。同じように、アラスカ州の先住民の話し言葉は数種類しかありませんが、パプアニューギニアには数千もの話し言葉があり、隣の谷の言葉は英語とフランス語ほど違う場合もあります。かつて筆者は、ある仕事の関係でパプアニューギニアの島々を訪れました（**図 6.9**）。そこでは学校での教育状況などを見ることができました。その際に感じたのは、ごく近い島々の間で言語や生活環境がかなり違っていたことです。その証拠に通訳や仲介者が島々で異なることもありました。

(a) 学校の外観　　(b) 地元の子供たちと筆者　　(c) 学校での授業の様子

■ 図 6.9：パプアニューギニアの学校

---

*9 遺伝子頻度がランダムウォークすること。任意交配の行われている大集団では配偶者同志が近い血縁であることはほとんどないが、小さい集団で長く交配していると多くの個体が血縁となる。このため、小集団内での遺伝子の変異の起こり方は自然選択によって集団中に定着するのではなく、偶然的な変動すなわち遺伝的浮動によって集団中に固定する。これが分子進化の中立仮説である。

さらに言語史の研究から、新しい言語が祖先の言語から分岐するときには当初は急激に変化することが報告されています。これは生物種の進化における断続平衡説（127頁参照）に相当します。

第7染色体上にあるFOXP2と呼ばれる遺伝子は、文法遺伝子と呼ばれています[84]。この遺伝子は、咽頭の細かい運動制御や一般的な文法・発話能力の発達に不可欠です。この遺伝子が壊れると人間は文法的な文書がつくれずに、言語を話せなくなります。この遺伝子は一部のサルやマウスにも見つかっています。したがって、この遺伝子を持っているだけでは発話にはつながりません。面白いことに、この遺伝子はチンパンジーにはないのに、ネアンデルタール人には見つかっていることから、彼らが言語を話したと考える研究者もいます。現時点ではFOXP2がどのように言語を生み出したのかは詳しくわかってはいません。FOXP2のおかげで人間が話せるようになったのか、あるいは発話を考え出したことで何らかの理由でFOXP2を変異させたのかもしれません。

さらに最近では、生物学における発生の考え方を文化進化に適用する研究もなされていて、これは文化進化発生学と呼ばれています[79]。生物においてモジュール形式の発生が、体を最初からつくる必要を減らして進化を促しました。それと同じように、モジュール方式により文化進化が促進されます。この予測はコンピュータによる人工物の学習シミュレーションにより検証されています。その研究では、先史時代における矢尻をつくる技術が最も成功したハンターの名声バイアス*10により広まります。このとき、誘導された変異を導入すると、多様性は着実に高まっていきます。一方、名声バイアスがあると、矢尻が同じデザインに収束することが確認されています。これは収斂進化*11と呼ばれる進化現象です。この過程は実際に各地で見つかる矢尻のデザインの多様性と統一性を的確に説明します。同様にして、ブーメランが古代エジプトと古代オーストラリアでよく似た湾曲形となることも、文化進化の考えから説明されています[85]。

---

*10 著名人や成功者の文化的特徴を好んで模倣する傾向のこと。
*11 異なる生物種間で類似した形質が個別に進化すること。

6.10 脳はどう創られるか：機械に囲まれたダーウィン

機械に囲まれたダーウィン（Darwin among the machines）とは、1863 年にイギリスのサミュエル・バトラーが発表した論説のタイトルです。その中で彼は「機械が進化して、人間を凌駕する可能性」を指摘しました。最近では、George B. Dyson が同名の書籍により、集合的な機械知能の創発を背景にして、自然（脳）と技術（AI）の境がますますなくなっていくことを述べています **[104]**。

脳に関するよくある議論は、生まれか育ちかというものです。英語圏では語感が良いから、「nature（生まれ）or nurture（育ち）」と呼ばれています。この議論を AI 研究で考えてみましょう。「育ち」は現在の AI の主流であるコネクショニストやディープラーニング（深層学習）に相当します。一方、「生まれ」は創発現象をもとにした進化計算や複雑系研究です。

ディープラーニングでは脳を汎用の学習機械としてモデル化します。しかし「学習のパラドクス」と呼ばれる学習発達段階論への批判も知られています。これは、汎用機械のような学習モデルに伴う発達過程において、低次の振る舞いから高次の系の振る舞いを想定できないことです **[36]**。また、汎用の学習機械としてのモデル化は、視覚や言語や共感の処理がなされる部位は人によって違うという考えにつながります。しかし 126 頁で述べたように、精神の特定部分が脳の特定の部位に対応しているという見方を裏付ける脳神経科学の報告が数多くあります。

第 1 章で説明した一般進化理論の考え方を、技術や文化に当てはめると、その進歩には必然性があるように思えます。ある意味では、進歩は、徐々にかつ容赦なく進み、阻止できないとされています **[85]**。たとえば、ムーアの法則[*12]やシンギュラリティ[*13]などはその一例でしょう。シンギュラリティを提唱したカーツワイルは、ムーアの法則がシリコンチップの存在以前から成り立っていることを発見しました。コンピュータの能力を現在と異なる技術を用いていた 20 世紀初頭まで外挿してみると、対数目盛での直線がムーアの法則に一致していたので

[*12] チップ上のトランジスタの数（半導体の集積率）は 18 ヵ月ごとに 2 倍になる。
[*13] 技術的特異点。AI が人間の能力を超えることで社会生活が大変容するとされる。2045 年がその年だという説がある。人間が要らなくなるという極論もある。

す。そのことから、ムーアの法則は技術が切り替わっても成り立つと仮定して、将来チップの限界が生じてからも同じような成長をすると予測しました。

ただし、シンギュラリティの説には進化心理学者・スティーブン・ピンカーなど、否定的な意見を述べる研究者も少なくありません。これまで述べてきたように、多くの事象や文化は必ずしも直線的（漸進的）には進化せず、断続平衡、外適応、収斂などさまざまな経過を経て進化します。これを考えると、漸進的にムーアの法則を当てはめた予測には説得力がありません。さらに、この予測がハードウェアの特性に強く依存していることにも疑問の余地があります。現在の AI やコンピュータ技術の主要な要素はソフトウェアやアルゴリズムであることは言うまでもありません。アルゴリズム的な観点や計算効率の意味で画期的なアルゴリズムがムーアの法則のように必ずしも漸進的に見つかっているわけではありません[14]。ディープラーニングは、その性能がビッグ・データとハードウェアの高速化に依拠しています。要するに、ハードウェアとデータ蓄積が先行して、ソフトウェアとアルゴリズムの進展が追いつかないような印象もあります。

筆者が高校生の頃、4 色問題が証明されたとして話題になりました。4 色問題とは、平面上のどのような地図でも、隣接する領域を異なる色に塗り分けるには 4 色で十分であるという予測でした。この予測は 19 世紀半ばから問われてきましたが、100 年以上解けず、また反例も得られていませんでした。発表された証明は、コンピュータを利用することに基づいていました[15]。筆者が大学生のときの研究室でのテーマの一つは、この証明の正当性の確認・検証です。また最近では、400 年以上謎であったケプラー予想の証明がやはりコンピュータによりなされました。これは、同じ大きさのミカンを最も密度が高くなるように積む方法は何かというものです[16]。

これらの証明方法は多くの数学者に批判されました。いわゆる「エレガントな証明」ではなかったからです。このような批判的な経緯があるものの、現在の数学者にとってコンピュータが証明の検証や記号的計算の軽減など有用なツールで

---

[14] アルゴリズム史上、ムーアの法則の直線上に匹敵するものを独断で考えてみよう。たとえば、ユークリッドの互除法、各種ソート法、各種探索法、近似的最適化アルゴリズム、バック・プロパゲーション、ランダムアルゴリズム、Shor の素因数分解法などだろうか。

[15] つまり、約 2,000 個の可約配置（塗り分けに際して無視してよい国々のつながり方）からなる不可避集合（どの地図にも必ず含まれている国々のつながり方の集合）をコンピュータで見出して証明した。

[16] 最適な方法は八百屋の店先に見られるようなミカンの積み上げ方である。一見当然に思われる最密充填の証明が 400 年間得られていなかった。

あることは間違いありません。このことから、数学的な創造活動はすべてコンピュータやAIに入れ代えられてしまうという危惧がささやかれていました。しかしそうはなっていません。なぜでしょう？

確かにこれまで考えられなかったような計算の賢い部分がコンピュータやAIに任せられるかもしれません。その一方で、残った時間をより知的で生産的な部分に回すことができます。つまり数学者はコンピュータの先へと進んでいくことができるのです。

最近では深層学習や機械学習がAIでの応用範囲を広げています。これは喜ばしいことですが、何でも解けるという印象を間違って与えているかもしれません。残念ながらそれほどうまくいかないことが「ノーフリーランチ定理」として知られています[14]。これは、「聖杯は存在しない」ことを数学的に証明した論文です。もともとはすべての問題に適用可能な最適化手法は存在しないことを示したものですが、同じことは機械学習やAIに対しても主張できます。つまり、「ノーフリーランチ定理」は万能な学習機械が存在しないことを意味します。たとえば、分類器の性能は分類すべきデータの特性に大きく依存し、すべての問題について最高の性能を示す分類器は存在しないのです。意地悪な問題を考えると必ず成績は悪くなり、どのような分類器でもそのような問題は存在します。

数学的なNFLの主張が、逆に数学者やそのほかの大勢の創造的な人々の将来を助けるかもしれません。ハードウェアの飛躍的な進歩やインターネット・SNSによる高度な情報伝達にもかかわらず、強いAI（真の人工知能）の実現には多くの課題があり、画期的な挑戦がなされると期待されます。今後もハードウェアとソフトウェア（アルゴリズムと数理論的研究）は共進化していくでしょう。その先に「機械に囲まれたダーウィン」は何を感じるのでしょうか？

参考文献

[1] W. ブライアン・アーサー（著）、有賀裕二（訳）、収益逓増と経路依存—複雑系の経済学、多賀出版、2003.

[2] 甘利俊一、神経回路網モデルとコネクショニズム、東京大学出版会、2008.

[3] 有田隆也、人工生命 改定2版、医学出版、2002.

[4] マルコ・イアコボーニ（著）、塩原通緒（訳）、ミラーニューロンの発見—「物まね細胞」が明かす驚きの脳科学、早川書房、2009.

[5] 稲邑哲也、中村仁彦、戸嶋巌樹、江崎英明、ミメシス理論に基づく見まね学習とシンボル創発の統合モデル、日本ロボット学会誌、vol.22、no.2、pp.256-263、2004.

[6] 伊庭斉志、システム工学の基礎 〜システムのモデル化と制御〜、サイエンス社、2007.

[7] 伊庭斉志、複雑系のシミュレーション：Swarm によるマルチ・エージェントシステム、コロナ社、2007.

[8] 伊庭斉志、金融工学のための遺伝的アルゴリズム、オーム社、2011.

[9] 伊庭斉志、人工知能と人工生命の基礎、オーム社、2013.

[10] 伊庭斉志、人工知能の方法—ゲームからWWWまで—、コロナ社、2014.

[11] 伊庭斉志、進化計算と深層学習—創発する知能—、オーム社、2015.

[12] 伊庭斉志、Excelで学ぶ進化計算、オーム社、2016.

[13] 伊庭斉志、プログラムで愉しむ数理パズル—未解決の難問やAIの課題に挑戦—、コロナ社、2016.

[14] 伊庭 斉志、ダヌシカ・ボレガラ、東京大学工学教程 情報工学 知識情報処理、オーム社、2016.

[15] 岩沢宏和、確率パズルの迷宮、日本評論社、2014.

[16] エドワード・ウィルソン（著）、坂上昭一、宮井俊一、前川幸恵、北村省一、松本忠夫、粕谷英一、松沢哲郎、伊藤嘉昭、郷采人、巌佐庸、羽田節子（訳）、社会生物学、新思索、1999.

[17] 大久保絢夏、小沼瞳、横川真衣、遠藤美貴、栗橋愛、沢畠博之、北畑裕之、Tomio Petrosky、高校生による Belouzov-Zhabotinsky 反応の新しい現

象の発見:長時間停止したBZ振動の復活、物性研究、vol. 2、no.1、2013.

[18] ティモシー・ヴァースタイネン、ブラッドリー・ヴォイテック（著）、鬼澤忍（訳）、ゾンビでわかる神経科学、太田出版、2016.

[19] Andrew J. Vickers（著）、竹内正弘（監修、訳）、p値とは何か—統計を少しずつ理解する34章、丸善出版、2013.

[20] ピーター・ウィンクラー（著）、坂井公、岩沢宏和、小副川健（訳）、とっておきの数学パズル、日本評論社、2011.

[21] ピーター・ウィンクラー（著）、坂井公、岩沢宏和、小副川健（訳）、とっておきの数学パズル、日本評論社、2012.

[22] ジョーダン・エレンバーグ（著）、松浦俊輔（訳）、データを正しく見るための数学的思考、日経BP社、2015.

[23] マイケル・S・ガザニガ（著）、藤井留美（訳）、〈わたし〉はどこにあるのか: ガザニガ脳科学講義、紀伊國屋書店、2014.

[24] マイケル・S・ガザニガ（著）、小野木明恵（訳）、右脳と左脳を見つけた男—認知神経科学の父、脳と人生を語る、青土社、2016.

[25] 加藤恭義、光成友孝、築山洋、セルオートマトン法、複雑系の自己組織化と超並列処理、森北出版、1998.

[26] マーチン・ガードナー（著）、一松信（訳）、マーチン・ガードナーの数学ゲーム3、別冊日経サイエンス190、日経サイエンス、2013.

[27] ダニエル・カーネマン（著）、友野典男、山内あゆ子（訳）、ダニエル・カーネマン心理と経済を語る、楽工社、2011.

[28] ダニエル・カーネマン（著）、村井章子（訳）、ファスト&スロー あなたの意思はどのように決まるか？、ハヤカワ・ノンフィクション文庫、2014.

[29] トーマス・ギロビッチ（著）、守一雄（訳）、人間この信じやすきもの—迷信・誤信はどうして生まれるか、新曜社、1993.

[30] スティーブン・ジェイ・グールド（著）、広野喜幸、松本文雄、石橋百枝（訳）、がんばれカミナリ竜〈下〉進化生物学と去りゆく生きものたち、早川書房、1995.

[31] ダグラス・ケンリック（著）、山形浩生、森本正史（訳）、野蛮な進化心理学—殺人とセックスが解き明かす人間行動の謎、ダグラス・ケンリック、白揚社、2014.

[32] エルコノン・ゴールドバーグ（著）、沼尻由起子（訳）、脳を支配する前頭葉—人間らしさをもたらす脳の中枢、講談社、2007.

[33] 近藤滋、生物のパターン形成と振動現象、計測と制御、vol.43、no.8、pp.594-598、2004.

[34] 佐伯胖、きめ方の論理—社会的決定理論への招待、東京大学出版会、1980.

[35] 佐伯胖、亀田達也（編著）、進化ゲームとその展開、共立出版、2002.

[36] 佐々木正人、ダーウィン的方法—運動からアフォーダンスへ、岩波書店、2005.

[37] オリバー・サックス（著）、大庭紀雄、春日井晶子（訳）、色のない島へ—脳神経科医のミクロネシア探訪記、早川書房、1999.

[38] デイヴィッド・サルツブルグ（著）、竹内惠行、熊谷悦生（訳）、統計学を拓いた異才たち、日本経済新聞出版社、2010.

[39] マイケル・サンデル（著）、鬼澤忍（訳）、これからの「正義」の話をしよう—いまを生き延びるための哲学、早川書房、2010.

[40] イアン・スチュアート（著）、水谷淳（訳）、数学で生命の謎を解く、ソフトバンククリエイティブ、2012.

[41] 鈴木譲、植野真臣（編）、確率的グラフィカルモデル、共立出版、2016.

[42] ウリカ・セーゲルストローレ（著）、垂水雄二（訳）、社会生物学論争史：誰もが真理を擁護していた (1)(2)、みすず書房、2005.

[43] 竹内久美子、賭博と国家と男と女、文春文庫、1996.

[44] 田中博、生命と複雑系、培風館、2002.

[45] 玉木久夫、乱択アルゴリズム、共立出版、2008.

[46] グレゴリー・チャイティン、メタマス！—オメガをめぐる数学の冒険、黒川利明（訳）、白揚社、2007.

[47] 筒井泉、特集：量子ゲーム理論、量子で囚人を解き放つ、日経サイエンス、2013年3月号.

[48] N.B.Davies、J.R.Krebs、S.A.West（著）、野間口眞太郎、山岸哲、巌佐庸（訳）、デイビス・クレブス・ウェスト 行動生態学 原著第4版、共立出版、2015.

[49] キース・デブリン（著）、冨永星（訳）、数学する本能—イセエビや、鳥やネコや犬と並んで、あなたが数学の天才である理由、日本評論社、2006.

[50] 寺野寿郎、システム工学入門—あいまい問題への挑戦、共立出版、1985.

[51] 寺田寅彦、電車の混雑について、寺田寅彦随筆集、第二巻、小宮豊隆編、岩波文庫、岩波書店、1984.

[52] リチャード・ドーキンス（著）、垂水雄二（訳）、神は妄想である—宗教との決別、早川書房、2007.

[53] 西成活裕、渋滞学、新潮選書、2006.

[54] 野口悠紀雄、続「超」整理法・時間編—タイム・マネジメントの新技法、中公新書、1995.

[55] ジョナサン・ハイト（著）、高橋洋（訳）、社会はなぜ左と右にわかれるのか—対立を超えるための道徳心理学、紀伊國屋書店、2014.

[56] ウィリアム・パウンドストーン（著）、篠儀直子（訳）、選挙のパラドクス—なぜあの人が選ばれるのか？、青土社、2008.

[57] 長谷川寿一、長谷川眞理子共著、進化と人間行動、東京大学出版、2000.

[58] オレン・ハーマン（著）、垂水雄二（訳）、親切な進化生物学者—ジョージ・プライスと利他行動の対価、みすず書房、2011.

[59] スティーブン・ピンカー、椋田直子（訳）、言語を生みだす本能、日本放送出版協会、1995.

[60] スティーブン・ピンカー（著）、山下篤子（訳）、心の仕組み—人間関係にどう関わるか、NHK 出版、2003.

[61] スティーブン・ピンカー（著）、山下篤子（訳）、人間の本性を考える—心は「空白の石版」か、NHK 出版、2004.

[62] スティーブン・ピンカー（著）、幾島幸子、塩原通緒（訳）、暴力の人類史、青土社、2015.

[63] 福岡 伸一、生物と無生物のあいだ、講談社現代新書、2007.

[64] カイザー・ファング、矢羽野薫（訳）、ヤバい統計学、2011.

[65] M. ブラストランド、A. ディルノット（著）、野津智子（訳）、統計数字にだまされるな—いまを生き抜くための数学、化学同人、2010.

[66] スーザン・ブラックモア（著）、垂水 雄二（訳）：ミーム・マシーンとしての私、草思社、2000.

[67] デボラ・ブラム（著）、藤澤隆史、藤澤玲子（訳）、愛を科学で測った男—異端の心理学者ハリー・ハーロウとサル実験の真実、白揚社、2014.

[68] 古川正志、荒井誠、吉村斎、浜克己：システム工学、コロナ社、2005.

[69] 松下貢（編）、生物にみられるパターンとその起源（非線形・非平衡現象

の数理)、東京大学出版会、2005.

[70] ジョン・ブロックマン (編)、長谷川眞理子 (訳)、知のトップランナー149人の美しいセオリー、青土社、2014.

[71] ロジャー・ペンローズ (著)、林一 (訳)、皇帝の新しい心—コンピュータ・心・物理法則、みすず書房、1994.

[72] ロジャー・ペンローズ (著)、竹内薫、茂木、健一郎 (訳)、ペンローズの"量子脳"理論—心と意識の科学的基礎をもとめて、筑摩書房、2006.

[73] バート・K・ホランド (著)、林大 (訳)、確率・統計で世界を読む、白揚社、2004.

[74] G. マッサー、特集：量子ゲーム理論、パラドックスに合理あり、日経サイエンス、2013年3月号.

[75] 牧田幸裕、ラーメン二郎にまなぶ経営学、東洋経済新報社、2010.

[76] 牧田怜奈、齋藤実、天良和男、伊庭斉志、AIブランコロボットを用いた情報科教育の実践と考察、日本情報科教育学会、第8回研究会、2017.

[77] 三浦俊彦、心理パラドクス—錯覚から論理を学ぶ101問、二見書房、2004.

[78] メラニー・ミッチェル (著)、伊庭斉志 (監訳)、遺伝的アルゴリズムの方法 (情報科学セミナー)、東京電機大学出版局、1997.

[79] アレックス・メスーディ (著)、竹澤正哲、野中香方子 (訳)、文化進化論: ダーウィン進化論は文化を説明できるか、エヌティティ出版、2016.

[80] マイケル・J・モーブッシン (著)、川口有一郎 (監修)、早稲田大学大学院応用ファイナンス研究会 (訳)、投資の科学:あなたが知らないマーケットの不思議な振る舞い、日経BP社、2007.

[81] 山影進、服部正太 (編)、コンピュータのなかの人工社会、マルチエージェントシミュレーションと複雑系、共立出版、2002.

[82] アレックス ラインハート (著)、西原史暁 (訳)、ダメな統計学：悲惨なほど完全なる手引書、勁草書房、2017.

[83] デイヴィッド・M. ラウプ (著)、渡辺政隆 (訳)、大絶滅—遺伝子が悪いのか運が悪いのか？、平河出版社、1996.

[84] マット・リドレー (著)、中村桂子、斉藤隆央 (訳) やわらかな遺伝子、紀伊国屋書店、2004.

[85] マット・リドレー (著)、大田直子、鍛原多惠子、柴田裕之、吉田三知世 (訳) 進化は万能である：人類・テクノロジー・宇宙の未来、早川書房、

2016.

[86] スティーブン・D・レヴィット、スティーブン・J・ダブナー（著）、望月衛（訳）、超ヤバい経済学、東洋経済新報社、2010.

[87] ジョナサン・ワイナー（著）、樋口広芳・黒沢令子（訳）、フィンチの嘴、早川書房、1995.

[88] Andre, D., Bennett III, F.H., and Koza, J., "Evolution of Intricate Long-Distance Communication Signals in Cellular Automata using Genetic Programming," in *Artificial Life V: Proceedings of the Fifth International Workshop on the Synthesis and Simulation of Living Systems*, 1996.

[89] Angel, O., Holroyd, A., and Martin, J., "The Jammed Phase of the Biham-Middleton-Levine Traffic Model," Electronic Communications in Probability, vol.10, pp.167–178, 2005.

[90] Auer, P., Cesa-Bianchi, N., and Fischer, P., "Finite-time Analysis of the Multiarmed Bandit Problem", *Machine Learning*, vol.47, no.2, pp.235–256, 2002.

[91] Axelrod, R., "The evolution of cooperation," Basic Books, 1984.

[92] Axelrod, R., "An Evolutionary Approach to Norms," *American Political Science Review*, vol.80, no.4, pp.1095–1111, 1986.

[93] Bellman, R., "Adaptive control processes–A guided tour," Princeton University Press, 1961.

[94] Biham, O., Middleton, A.A., and Levine, D., "Self-organization and a dynamical transition in traffic-flow models," Phys. Rev. A vol.46, R6124, 1992.

[95] Bond, A.B. and Kamil1, A.C., "Apostatic selection by blue jays produces balanced polymorphism in virtual prey," *Nature* vol.395, pp.594–596, 1998.

[96] Bond, A.B. and Kamil1, A.C., "Visual predators select for crypticity and polymorphism in virtual prey," *Nature* vol.415, pp.609–613, 2001.

[97] Brosnan, S., Jones, O.D., Lambeth, S.P., Mareno, M.C., Richardson, A.S., Schapiro, S.J., "Endowment effects in chimpanzees," *Current Biology*, vol.17, pp.1704–1707, 2007.

[98] Clarke, R.D., "An application of the Poisson distribution," *Journal of the*

Institute of Actuaries, vol.72, no.3, 1946.

[99] Cohen, M.D., Riolo, R.L., and Axelrod, R., "The Emergence of Social Organization in the Prisoner's Dilemma: How Context-Preservation and Other Factors Promote Cooperation," Fe Institute working paper 99-01-002, 1999.

[100] David, P.A., "Clio and the Economics of QWERTY," *The American Economic Review*, Papers and Proceedings of the Ninety-Seventh Annual Meeting of the American Economic Association, vol.75, no.2, pp.332–337, 1985.

[101] Deb, K.D., Pratap, A., Agarwal, S., and Meyarivan, T., "A fast and elitist multiobjective genetic algorithm : NSGA-II," *IEEE Transactions on Evolutionary Computation*, vol.6, no.2, pp.182–197, 2002.

[102] Dewdney, A.K., "The hodgepodge machine makes waves," *Scientific American*, vol.259, no.2, 1988.

[103] Downing, K.L., "Adaptive Genetic Programs via Reinforcement Learning," in *Proceedings of the 3rd Annual Conference on Genetic and Evolutionary Computation (GECCO01)*, pp.19–26, 2001.

[104] Dyson, G.B., "Darwin among the Machines: The Evolution of Global Intelligence," Basic Books; 2nd edition, 2012.

[105] Franz, H., "Chocolate Consumption, Cognitive Function, and Nobel Laureates," *New England Journal of Medicine*, vol.367, no.16, pp.1562–1564, 2012.

[106] Gracia-Lázaro, C., Ferrer, A., Ruiz, G., Tarancón, A., Cuesta, J.A., Sánchez, A., and Morenoa, Y., "Heterogeneous networks do not promote cooperation when humans play a Prisoner's Dilemma," *Proceedings of the National Academy of Sciences*, PNAS, vol.109, no.32, pp.12922–1292, 2012.

[107] Ghosh, A., Dehuri, S., and Ghosh, S. (eds.), "Objective Evolutionary Algorithms for Knowledge Discovery from Databases," Springer, 2008.

[108] Hoel, E.P., Albantakis, L., and Tononi, G., "Quantifying causal emergence shows that macro can beat micro," *Proceedings of the National Academy of Sciences*, PNAS, vol.110, no.49, pp.19790–19795, 2013.

[109] Hespos, S.J. and vanMarle, K., "Physics for infants: characterizing the

origins of knowledge about objects, substances, and number," Wiley Interdiscip Rev Cogn Sci., vol.3, no.1, pp.19-27, 2011.

[110] Hinton, G.E. and Nowlan, S.J., "How learning can guide evolution," *Complex Systems*, vol.1, pp.495-502, 1987.

[111] Huberman, B.A. and Glance, N.S., "Evolutionary games and computer simulations," *Proceedings of the National Academy of Sciences*, PNAS, vol.90, no.16, pp.7716-7718, 1993.

[112] Holland, J.H., "Adaptation in natural and artificial systems," University of Michigan Press, 1975.

[113] Ishibuchi, H., Tsukamoto, N., and Nojima, Y., "Evolutionary many-objective optimization: A short review," Proc. IEEE Congress on Evolutionary Computation, pp.2419-2426, 2008.

[114] Kahneman, D. and Tversky, A., "Prospect Theory: An Analysis of Decision under Risk," *Econometrica*, vol.47, no.2 pp.263-292, 1979.

[115] Kahneman, D., Knetsch, J., and Thaler, R., "Experimental tests of the endowment effect and the Coase theorem," *Journal of Political Economy*, vol.98, no.6, pp.1325-1348, 1990.

[116] Kamio, S. and Iba, H., "Adaptation Technique for Integrating Genetic Programming and Reinforcement Learning for Real Robots," *IEEE Transactions on Evolutionary Computation*, vol.9, no.3, pp.318-333, 2005.

[117] Knetsch, J., "The endowment effect and evidence of nonreversible indifference curves," *American Economic Review*, vol.79, pp.1277-1284, 1989.

[118] Kusch, I. and Markus, M., "Mollusc Shell pigmentation: Cellular automaton simulations and evidence for undecidability," *J. theor. biol*, vol.178, pp.333-340, 1996.

[119] LattyT. and Beekman, M., "Irrational decision-making in an amoeboid organism: transitivity and context-dependent preferences," *Proc. R. Soc. B*, vol.278, pp.307-312, 2011.

[120] Li, A. and Yong, X., "Entanglement Guarantees Emergence of Cooperation in Quantum Prisoner's Dilemma Games on Networks," doi:10.1038/srep06286 Scientific Reports 4, Article number: 6286, 2014.

[121] Marcus, A.D., "The Hard Science of Monkey Business," *The Wall Street Journal*, March 30, 2012.

[122] Martinez, G.J., "Introduction to Rule 110," http://www.rule110.org/amhso/results/rule110-intro/introRule110.html, Rule 110 Winter WorkShop, 2004.

[123] Mitchell, M., "Life and evolution in computers," *History and Philosophy of the Life Sciences* vol.23, pp.361-383, 2001.

[124] Mitchell, M., "Complexity: A Guided Tour," Oxford University Press, 2009.（邦訳：高橋洋（訳）、ガイドツアー 複雑系の世界: サンタフェ研究所講、紀伊國屋書店、2011）

[125] Mochizuki, A., "Pattern formation of the cone mosaic in the zebrafish retina: a cell rearrangement model," *J. Theor. Biol.*, vol.215, no.3, pp.345-61, 2002.

[126] Murray, J.D., "Mathematical Biology: I. An Introduction," Springer, 3rd printing, 2008.

[127] Murray, J.D., "Mathematical Biology II: Spatial Models and Biomedical Applications," Springer, 3rd printing, 2008.

[128] Nagel, K. and Shreckenberg, M., "A cellular automaton model for freeway traffic," J. Phisique I, vol.2, no.12, pp.2221-2229, 1992.

[129] Neary, T. and Woods, D., "P-completeness of cellular automaton Rule 110," *Proceedings of ICALP 2006 - International Colloquium on Automata Languages and Programming*, Lecture Notes in Computer Science, vol.4051, pp.132-143, Springer, 2006.

[130] Nortona, M.I., Mochonb, D., and Arielyc, D., "The IKEA effect: When labor leads to love," *Journal of Consumer Psychology*, vol.22, no.3, pp.453-460, 2012.

[131] Nowak, M.A., "Evolutionary Dynamics: Exploring the Equations of Life," Belknap Press of Harvard University Press, 2006.（Martin, A. Nowak（著）、中岡慎治、巌佐庸、竹内康博、佐藤一憲（訳）、進化のダイナミクス−生命の謎を解き明かす方程式、共立出版、2008）

[132] Parkinson, R., "The Dvorak Simplified Keyboard: Forty years of Frustration," *Computers and Automation magazine*, vol.21, pp.18-25,

November, 1972.

[133] Pfeifer, R. and Bongard, J., "How the Body Shapes the Way We Think: A New View of Intelligence," A Bradford Book, 2006.（邦訳：細田耕、石黒章夫（訳）、知能の原理 ―身体性に基づく構成論的アプローチ―、共立出版、2010）

[134] Rabin, M., "Risk Aversion and Expected-utility Theory: A Calibration Theorem," Econometrica, vol.68, no.5, pp.1281-1292, 2000.

[135] Rajewsky, N., Santen, L., Schadschneider, A. and Schreckenberg, M., "The Asymmetric Exclusion Process: Comparison of Update Procedures," J. Stat. Phys., vol.92, pp.151-194, 1998.

[136] Schaffer, J.D., and Grefenstette, J.J., "Multi-Objective Learning via Genetic Algorithms," in *Proc. of the 9th International Joint Conference on Artificial Intelligence*, pp.593-595, 1985.

[137] Schaffer, J.D., "Multiple Objective Optimization with Vector Evaluated Genetic Algorithms," in *Proc. of an International Conference on Genetic Algorithms and Their Applications*, pp.93-100, 1985.

[138] Schelling, T.C., "Dynamic Models of Segregation," in *Journal of Mathematical Sociology*, vol.1., pp.143-186, 1971.

[139] Takayasu, M. and Takayasu, H., "1/f noise in a traffic model," Fractals, vol.1, pp.860-866, 1993.

[140] Kunita,I., Yoshihara,K., Tero,A., Ito,K., Lee,C.F., Fricker,M.D., Nakagaki,T., "Adaptive Path-Finding and Transport Network Formation by the Amoeba-Like Organism Physarum," in: Suzuki Y., Nakagaki T. (eds) Natural Computing and Beyond. Proceedings in In formation and Communications Technology, vol 6., pp.14-29, Springer, 2013.

[141] Thaler, R., "Toward a positive theory of consumer choice," *Journal of Economic Behavior and Organization*, vol.1, no.1, pp.39-60, 1980.

[142] Turing, M.A., "The chemical basis of morphogenesis," *Phil. Trans. R. Soc.* B 237, pp.37-72, 1952.

[143] Tversky, A. and Kahneman, D., "The framing of decisions and the psychology of choice," *Science*, vol.211, pp.453-458, 1981.

[144] von Neumann, J. and Morgenstern, O., "Theory of Games and Economic

Behavior," Princeton University Press, 1947.
- [145] Vukov, J., Szabó, G., and Szolnoki, A., "Evolutionary prisoner's dilemma game on Newman-Watts networks," Phys. Rev.E, vol.77, pp.26–109, 2008.
- [146] Wilson, E.O., "The Insect Societies", Harvard University Press, 1971.
- [147] Wolfram, S., "A New Kind of Science," Wolfram Media Inc., 2002.

索引

数字・記号
- $1/f$ ゆらぎ 43
- 10 倍返し 111
- 2 年目のジンクス 98
- 2 レバー・スロットマシン 142
- 4 色問題 205
- ε 欲張り法 144

A
- AIBO 19
- AI ロボット 17
- All-C 107, 112, 117
- All-D 107, 112, 114, 117
- Arrow-Pratt 測度 153
- ASEP 86

B
- BCA 82
- BMI 201
- Burgers セルラ・オートマトン 82
- BZ 反応 56

C
- CA 38
- Crebs 26

D
- DSK 配列 151

E
- EDD 79, 80
- ESS 112
- Exploitation 142
- Exploration 142

F
- FIFO 79
- fMRI 200
- FOXP2 203

G
- GA 5, 40, 150
- GP 5, 23, 27, 39
- GRIM 108, 113
- GTYPE 6, 9

I
- IKEA 効果 189
- IPD 107

J
- JOSS 110
- JSSP 82

K
- Kahneman–Tversky 価値関数 192

L
- LEGO 17

M
- MA 199
- Mathematica 42

N
- Nash 均衡 105, 112
- NP 完全 82

P
- P-complete 43
- PTYPE 6, 9

Q
- QWERTY キーボード 150
- Q 学習 16
- Q 値 16, 30
- Q テーブル 17, 24

R
- Rabin の定理 184
- RANDOM 79, 107, 109

索引

RGP	29
Rule110	42
Rule184	82

S

SLACK	79, 80
SlowtoStart	85
SIS	85
SPT	79, 80

T

TFT	108, 114
touringplans.com	89
TSP	90

U

UCB1 法	144
UCB 値	143
UCT アルゴリズム	82, 143

V

VEGA	166

W

WSLS	108, 113

あ

愛情ホルモン	126
アオカケス	10
アカゲザル	199
アーミーナイフの喩え	126
アリ	36
歩く人	118
安定性	174
イグ・ノーベル賞	158
イグアナ	3
一般進化理論	4, 204
一般不可能性定理	156
一方通行路	83
遺伝子型	6, 9
遺伝子複製	7
遺伝的アルゴリズム	5, 149
遺伝的オペレータ	6, 8, 167
遺伝的同化作用	26
遺伝的浮動	202
遺伝的プログラミング	5, 23, 27
犬型ロボット	19

イモ虫ロボット	18
因果関係	90, 200
因果連鎖	37
インターフェロンβ	96
ウェーバー・フェヒナーの法則	136
上に凸	137, 153, 182
渦模様	58
嘘つき	129
生まれ	204
エコン	184
エージェント	15, 29, 45, 184
枝分かれ	56
エピソード	16, 18
エリート戦略	7, 31
凹型	137, 183
オキシトシン	126, 200
オペラント条件付け	15
オマキザル	195
音楽プレイヤ	76
オンライン広告	149

か

貝殻の紋様	44, 52
回折現象	58
改良 UCB1 法	144
カオスの縁	44
拡散	51
学習のパラドクス	204
学習率	16, 20
獲得形質	28
確率 BCA	83
賭け	142, 181
カスト制	36
仮想的所有感	189
勝ち馬効果	150
価値関数	16, 192
活性化物質	52
神の見えざる手	150
カモ	111
ガラパゴス諸島	2
環境	15
環境適応性	29
還元主義	37
関数記号	6
慣性効果	85
感染	56
寛容さ	109

機械学習 75, 90, 206
機械に囲まれたダーウィン 204
希求性 135
木構造 6, 27
疑似相関 91, 92, 96
技術的特異点 204
希少性 67
寄生 3
寄生虫 102
擬態 11
期待効用 134, 152, 180
気のいいやつ 110
機能的磁気共鳴画像法 200
規範 119
基部 17
ギャンブラーの誤謬 75
教会 49
強化学習 15
共感 201
狭義の Nash 均衡 105, 112, 114
競合 3, 79
共進化 3, 4, 11, 102, 129
共生 3, 102
協調 3, 102, 116, 201
協同現象 36
共分散 91
共分散構造分析 92
行列のできるラーメン屋 77
局所解 7, 17, 27, 32
局所的探索 8, 199
キリスト教 198
均一なネットワーク 116
均衡点 105, 127
近傍 45, 115
近傍半径 39
金融 36, 162, 199
クラス 4 42
クラスタ 72, 75
繰り返し囚人のジレンマ 107
クリック 149
クリーニング 102
軍拡競争 11, 129
経験効用 193
経済学 142
経済人 125
計算万能性 43
継承 201

形態形成 51, 63
系統樹 5
系内数 77
経路依存性 150
毛づくろい 106
決定効用 193
決定論 37
ケプラー予想 205
ゲーム 82
ゲーム理論 105, 133
限界効用 137
限界効用逓減 137, 152, 182
言語 202
健康 56
現状バイアス 185
交換貨幣 195
交叉 7, 11, 27, 28, 167
交叉率 168
幸島 196
更新規則 85
更新式 16, 56
合成性 135
行動 16
行動価値 16
行動主義的心理学 184
勾配 153
勾配型原理 126
効用 133
効用関数 133, 167
効用理論 133
合理的行為者 184
合理的なエージェントの公理 135
互恵的行動 113
誤差 142
古典的効用理論 182
コミュニケーション 127
コンフリクト 79

さ

最後通牒ゲーム 123
最後っ屁戦法 112
最大流量相 86
最適化 5, 8, 27
最適スロット 145
最適戦略 124, 150
最適輸送路 158
授かり効果 185, 188

索引

サービス時間分布 76
サンクト・ペテルブルグのパラドクス . 132
参照点 182
色盲 48
自己欺瞞 128
指数関数 72, 183
指数分布 69
自然選択 5, 126
持続時間 194
下に凸 140
しっぺ返し 108
時定数 58
シナプス結合 26
支払い率 142
縞 61
社会生物学 127
社会脳仮説 200
種 168
収益逓増 150
宗教 129, 198
囚人のジレンマ 103, 200
自由相 86
渋滞シミュレータ 83
終端記号 6, 30
集団数 170
十分条件 63
収斂進化 4, 203
種の起源 2
巡回セールスマン問題 90
純粋戦略 106
準備された学習 34
衝撃波 86
条件付きの戦略 120
条件反射 13
少数の法則 75
状態 16, 19
状態ベクトル 121
初期状態 16, 39, 43, 46
ジョブ 79
ジョブ・ショップ・スケジューリング問
　題 82
ジョブの割付の優先規則 79
シリコン交通 87
進化経済学 120, 150
進化計算 5, 39, 90, 175
進化心理学 51, 126
進化的に安定な戦略 112

シンギュラリティ 204
神経回路 37
神経科学 37
神経相関 200
信号機付き BCA 83
人工生命 44, 120
人工知能 133, 142
人口論 5
人種 51
人種隔離 50
人種差別 48
深層学習 204, 206
振動現象 58
真の人工知能 91
推移性 135, 162, 176
錐体細胞 63
推定処理時間 80
スキーマ 9, 150
スキナー箱 15
スケジューリング理論 77
スポーツイラストレイテッドの呪い 98
スラック 79
生化学反応 58
正規分布 68, 146
生殖 5
精神物理学 136
生存競争 201
正のフィードバック 150
聖杯 206
世代交代 7, 9, 11
世代数 170
積極的差別是正措置 50
ゼブラフィッシュ 63
セルラ・オートマトン 38
セロトニン 15
旋回軸 17
線形計画法 90
選好 45, 133
選好独立性 176
染色体 6
相関関係 90, 200
相関係数 91
掃除屋 102
早熟な収束 7
相転移 48
創発 36
創発シミュレータ 170

221

索　引

阻害物質 52
育ち 204
素粒子 41
損失回避 185, 191, 195
損得表 104

た

大域的な探索 8
ダイクストラ法 87
第 3 の要因 91, 96
対数関数 132, 136, 181
大数の法則 75
代替可能性 135
大脳基底核 15
大脳新皮質 200
大脳辺縁系領域 200
代表性ヒューリスティクス 75
ダイヤモンド市場 113
多次元効用理論 162
多数決 155, 159
多数決ルール 39
タスク 15, 22, 79
タテジマキンチャクダイ 53
多目的最適化 163
多様性 203
多腕山賊問題 142
探索空間 39, 171
男女の争い 127
断続平衡 4, 127, 203, 205
単調性 135
断熱性能 164
チューリング・マシン 43
チューリング・モデル 52
超合理的 125
調査 142
朝三暮四 196
チョコレートの消費量 96
チンパンジー 188, 198, 203
強い人工知能 75
ディープラーニング 204
定常性 66
定常的なパターン 57
定常分布 77
ディズニーランド 89
ディスパッチング・ルール 79
適応制御 149
適合度 7, 9, 31, 39, 165, 170

適者生存 5, 201
伝達子 40
統計的決定理論 149
淘汰圧 3, 51, 168
胴体と尾の定理 61
到着時間間隔 69
到着分布 76
投票パラドクス 160
独裁者ゲーム 124
特殊進化理論 4
独立性 66, 135
トークン 195
都市伝説 98
凸型パレートフロント 171
突然変異 7, 11, 27, 116
突然変異率 168
ドーパミン 15
トムセン条件 176
トレードオフ 143, 163, 174

な

ナイトの近傍 58
内容バイアス 201
なぜなに物語 127
波 56
ニセクロスジギンボ 103
偽の相関 91
二値性 66
ニホンザル 196
乳糖 33
認知科学 133
認知的な錯覚 72
認知的不協和 128
ネアンデルタール人 203
粘菌 158
ノイズ 113
脳 37, 204
納期 79
脳神経科学 204
脳の中の幽霊 37
望みのない探しもの 27
ノーフリーランチ定理 206
ノーベル 13, 45, 96, 106, 156, 160, 185
ノルアドレナリン 15

は

博愛主義 48, 126

パターン形成	44	ブール関数	39
パブロフ戦略	108, 113	プレイアウト	143
ハミルトン閉路	90	プレミアム	153
パレート効率的	106	フレーミング効果	189
パレート最適性	165	プロスペクト理論	185
パレートフロント	166, 168, 175	分解可能性	135
半径	38	文化進化	127
斑点	61	文化進化発生学	203
反応	51	文化選択	201
反応拡散波	52, 63	文化的浮動	202
汎用の学習機械	204	文化的変異	201
ピアソンの相関係数	91	分業	36
比較可能性	135, 176	分居モデル	45
光受容細胞	63	分散	68, 142, 145
ヒカリムシ	75	分子進化の中立仮説	202
非協力ゲーム	106	文法遺伝子	203
ピークエンドの法則	193	分類器	206
非合理性	160	平均値	68, 70, 145
非終端記号	6, 30	平均到着率	67
非推移性	162	平均への回帰	98
非対称な関数	192	平衡状態	77
非対称単純排除過程	86	ベイズ推定	91
ビッグ・データ	205	ベース	17
ビッグバン	116	ヘビの定理	61
必要条件	63	ベルソーフ・ザボチンスキー反応	56
非凸型パレートフロント	171	ベルヌーイ型の報酬	149
ピボット	17	ベルヌーイ試行	67
ヒューマノイドロボット	23, 174	変異	5, 201
ヒューリスティクス	80	返金保証	188
評価関数	165, 167	変形体	158
病気	56	偏見	47, 48
表現型	6, 11, 24	扁桃体	200
標準偏差	69	変容	5
頻度依存バイアス	201	片利共生	3
ファストパス	89	ポアソン過程	68
フォン・ノイマン−モルゲンシュテルン効用指数	152, 154	ポアソン到着	77, 80
		ポアソン分布	67, 75, 77
不活性状態	52	報酬	15, 17, 19, 31
不均一なネットワーク	116	保険	140, 152
複雑適応系	150	保険料	153
不幸度	50	星の並び	73
仏教	198	ホームポジション	151
部分木	7, 27	ホモ・エコノミクス	125
不偏推定量	144	保有効果	185
ブーメラン	203	ボールドウィン効果	24
プライスのパラドクス	161	ホンソメワケベラ	102
ブラウアーの不動点定理	106		

ま

マクロ 36, 45
マーケティング 188
待ち行列 66, 76
待ち行列系 77
待ち行列のシミュレータ 77
窓口数 76
マレイの理論 61
万華鏡 116
満足度 49, 133
ミクロ 36, 45
見込み理論 185
ミスコピー 116
密度 85
ミーム 198
ミメティック・アルゴリズム 199
ミラーニューロン 199
民主主義 155
ムーア近傍 45, 57, 116
ムーアの法則 204
無関係な選択肢からの独立性 156
無記憶性 66, 69
無差別 134
無差別曲線 162, 176
無性生殖 7
迷信 15
名声バイアス 203
迷路 29, 158
メタ規範 120
目には目を 108
目的関数 175
モザイク 63
モジュール 126, 203
最もでたらめな客 66
模様 61
モルフォゲン 51
モンテカルロ木 82, 143
紋様 44, 51

や

優越 165
有性生殖 7
ユートピア個体 168
欲張り法 144
ヨーグルト神話 95
予防接種の問題 70

ら

ライフゲーム 38
ラクターゼ遺伝子 33
ラクトース 33
落雷の問題 72
ラマルク主義 24, 31
乱択アルゴリズム 82
ランダムウォーク 202
ランダム性 66, 75, 79
ランプ・メータリング 88
力学系 40
利己的遺伝子 122
リスク 138, 162
リスク回避 140, 152, 192
リスク中立 140
リスク追求 140, 192
リターン 162
利他心 123
利得表 104, 107, 120
粒子 41
利用 142
量子ゲーム 120
量子認知 122
量子脳理論 122
量子もつれ 120
臨界現象 44
臨界値 48, 84, 85
礼儀正しさ 109
連続性 135
ロックイン 150
ロボット工学 199
ロンドン爆撃 72

わ

割引率 16, 20

人名

アーサー，ブライアン 150
アクセルロッド，ロバート 109
アロー，ケネス 153, 156
ウィルソン，エドワード 37, 127
ウォディントン，H．コンラッド 26
ウルフラム，スティーブン 42
カーネマン，ダニエル 75, 131, 185
カウフマン，スチュアート 44
グールド，ジェイ，スティーブン
.... 73, 101, 127
コスミデス，レダ 126
ゴルトン，フランシス 92
コンドルセ，ド，ニコラ 160
シェリング，トーマス 45
スミス，アダム 150
ダーウィン，チャールズ 2, 92
チューリング，アラン 51
寺田寅彦 72

トゥービー，ジョン 126
ドヴォラック，オーガスト 151
ドーキンス，リチャード . 73, 122, 129, 198
トベルスキー，エイモス 75, 185
トリバース，ロバート 128
ナッシュ，ジョン 106
ノイマン，フォン，ジョン 133
バトラー，サミュエル 204
パブロフ，イワン 13
ピンカー，スティーブン 72, 127, 205
プライス，ジョージ 112
ブラックモア，スーザン 198
ベルヌーイ，ダニエル 132
ペンローズ，ロジャー 122
ボールドウィン，ジェイムス 24
ホランド，ジョン 149
メイナード＝スミス，ジョン 112
モーゲンベッサー，シドニー 156
モルゲンシュタイン，オスカー 133

●著者略歴

伊庭 斉志（いば　ひとし）

工学博士
1985 年　　東京大学理学部情報科学科卒業
1990 年　　東京大学大学院工学系研究科情報工学専攻修士課程修了
同　年　　電子技術総合研究所
1996～1997 年　スタンフォード大学客員研究員
1998 年　　東京大学大学院工学系研究科電子情報工学専攻助教授
2004 年～　東京大学大学院新領域創成科学研究科基盤情報学専攻教授
2011 年～　東京大学大学院情報理工学系研究科電子情報学専攻教授
　　　　　人工知能と人工生命の研究に従事．特に進化型システム、学習、
　　　　　推論、創発、複雑系、進化論的計算手法に興味をもつ．

〈主な著書〉
『遺伝的アルゴリズムの基礎』オーム社（1994）
『遺伝的プログラミング』東京電機大学出版局（1996）
『Excelで学ぶ遺伝的アルゴリズム』オーム社（2005）
『進化論的計算手法』オーム社（2005）
『複雑系のシミュレーション：Swarmによるマルチ・エージェントシステム』コロナ社（2007）
『Cによる探索プログラミング』オーム社（2008）
『金融工学のための遺伝的アルゴリズム』オーム社（2011）
『人工知能と人工生命の基礎』オーム社（2013）
『進化計算と深層学習―創発する知能―』オーム社（2015）
『Excelで学ぶ進化計算―ExcelによるGAシミュレーション―』オーム社（2016）
『プログラムで楽しむ数理パズル―未解決の難問やAIの課題に挑戦―』コロナ社（2016）

●カバーデザイン：トップスタジオ デザイン室（轟木 亜紀子）

- 本書の内容に関する質問は、オーム社書籍編集局「(書名を明記)」係宛に、書状またはFAX(03-3293-2824)、E-mail(shoseki@ohmsha.co.jp)にてお願いします。お受けできる質問は本書で紹介した内容に限らせていただきます。なお、電話での質問にはお答えできませんので、あらかじめご了承ください。
- 万一、落丁・乱丁の場合は、送料当社負担でお取替えいたします。当社販売課宛にお送りください。
- 本書の一部の複写複製を希望される場合は、本書扉裏を参照してください。

JCOPY ＜(社)出版者著作権管理機構 委託出版物＞

人工知能の創発
―知能の進化とシミュレーション―

平成 29 年 5 月 25 日　　第 1 版第 1 刷発行

著　　者　伊庭斉志
発 行 者　村上和夫
発 行 所　株式会社オーム社
　　　　　郵便番号　101-8460
　　　　　東京都千代田区神田錦町 3-1
　　　　　電　話　03(3233)0641(代表)
　　　　　URL　http://www.ohmsha.co.jp/

© 伊庭斉志 2017

組版　トップスタジオ　　印刷・製本　壮光舎印刷
ISBN978-4-274-22064-7　Printed in Japan

関連書籍のご案内

Excelで学ぶ進化計算
ExcelによるGAシミュレーション

Excelを使って進化計算を学べる充実の一冊！

- 伊庭 斉志 著
- A5判・272頁
- 定価(本体3,200 円【税別】)

進化計算と深層学習
Neuro-Evolution Deep Learning
《創発する知能》

進化計算とニューラルネットワークがよくわかり話題の深層学習も学べる！

第25回 大川出版賞 受賞図書

- 伊庭 斉志 著
- A5判・192頁
- 定価(本体2,700 円【税別】)

人工知能や進化計算について
学べる好評の書籍！

人工知能と人工生命の基礎
Artificial Intelligence & Artificial Life

人工知能と人工生命をはじめて学ぶ方に最適の一冊！

- 伊庭 斉志 著
- A5判・264頁
- 定価(本体2,800 円【税別】)

Cによる探索プログラミング
基礎から遺伝的アルゴリズムまで

C言語による最適地探索と遺伝的アルゴリズムの実装までをわかりやすく解説！

- 伊庭 斉志 著
- A5判・312頁
- 定価(本体3,200 円【税別】)

もっと詳しい情報をお届けできます。
◎書店に商品がない場合または直接ご注文の場合も右記宛にご連絡ください。

ホームページ http://www.ohmsha.co.jp/
TEL／FAX TEL.03-3233-0643　FAX.03-3233-3440

(定価は変更される場合があります)

F-1705-219